U0875010

住宅建筑渗漏开裂分析与维修做法实例

石百军　主编

中国建筑工业出版社

图书在版编目（CIP）数据

住宅建筑渗漏开裂分析与维修做法实例 / 石百军主编. — 北京：中国建筑工业出版社，2022.8（2023.9重印）
ISBN 978-7-112-27477-2

Ⅰ. ①住… Ⅱ. ①石… Ⅲ. ①住宅—建筑防水—工程施工—案例②住宅—墙体裂缝—工程施工—案例 Ⅳ. ①TU241②TU761.1③TU364

中国版本图书馆CIP数据核字（2022）第097217号

本书主要从渗漏开裂分析、渗漏维修做法、开裂维修做法等内容入手，重点对房屋渗漏、开裂等主要质量常见问题产生的原因及维修做法进行分析介绍。其中，渗漏开裂分析篇从外界环境、建筑材料、施工方法、施工管理等多方面进行分析，详细阐述了渗漏开裂质量问题发生的机理，有关治理工作存在的问题，并提出了今后治理思路，旨在用通俗易懂的语言让普通大众对住宅建筑渗漏开裂问题的本质有一定了解；渗漏维修做法和开裂维修做法两篇则对部分常见渗漏开裂质量问题的维修做法一一进行介绍，详细划分为10个常见部位，共35篇实例，内容涉及问题描述、原因分析、维修处理方案及过程、造价参考及今后施工防控建议等，具有较强的针对性和实用性。

责任编辑：段　宁　张伯熙　戚琳琳
责任校对：李辰馨

住宅建筑渗漏开裂分析与维修做法实例
石百军　主编
*
中国建筑工业出版社出版、发行（北京海淀三里河路9号）
各地新华书店、建筑书店经销
北京雅盈中佳图文设计公司制版
建工社（河北）印刷有限公司印刷
*
开本：850毫米×1168毫米　1/32　印张：$7^7/_8$　字数：161千字
2022年9月第一版　2023年9月第三次印刷
定价：45.00元
ISBN 978-7-112-27477-2
（41396）

版权所有　翻印必究
如有印装质量问题，可寄本社图书出版中心退换
（邮政编码 100037）

本书编写委员会

主　任: 孙　雷

副主任: 王进文　崔　浩　王　琮　葛宏翔

编　委: 李延敏　于海涛　邵良世　穆卿妍　马健勇　刘会俊
段祥奂　孙　波　台道松　曹京强　王大成　范　维

本书编写组

主　编: 石百军

成　员: 高　翔　王克俭　杨海龙　孙泉水

参编单位:

青岛市建筑工程质量监督站

中建八局第四建设有限公司

山东天齐置业集团股份有限公司

荣华建设集团有限公司

青建集团股份公司

中建八局发展建设有限公司

中青建安建设集团有限公司

青岛海川建设集团有限公司

中启胶建集团有限公司

东亚装饰股份有限公司

青岛博海建设集团有限公司

青建国际集团有限公司

前　言

住宅建筑质量关系到人民群众切身利益，是与民生息息相关的大事。为不断提高住宅建筑质量和人民群众对住房质量的满意度，青岛市自 2018 年 6 月起开展了为期两年的住宅工程渗漏开裂专项治理“两大行动”。行动开展以来，治理成果显著，住宅建筑质量持续提高，质量投诉问题逐渐减少。为进一步推动“两大行动”深入开展，自 2019 年 9 月起的两年时间内，青岛市又开展了住宅工程渗漏开裂专项治理两大行动提升工作（以下简称“两大行动提升”）。为巩固住宅建筑渗漏开裂专项治理两大行动成果，助力“两大行动提升”扎实开展，有效解决住宅建筑渗漏开裂等质量常见问题，青岛市住房和城乡建设局组织编写了本书，为青岛市开展住宅建筑渗漏开裂专项治理及今后进行渗漏开裂维修提供理论支持和技术参考，推动渗漏开裂治理工作由经验防治向科学防治转变。

本书是根据相关力学理论和国家有关技术标准，结合青岛市近几年住宅建筑渗漏开裂治理工作实践经验进行编写，重点对渗漏开裂主要质量常见问题产生的原因及维修做法进行分析介绍，分为渗漏开裂分析篇、渗漏维修做法篇、开裂维修做法篇及附录共四部分，其中渗漏开裂分析篇从外界环境、建筑材料、施工方法、施工管理等多方面进行分析，详细阐述了渗漏开裂问题发生的机理及有关治理技术存在的问题，并提出了今后治理思路，旨在用通俗易懂的语言让读者了解住宅建筑渗漏开裂问题产生的本质以及导致问题产生的主要因素，为渗漏开裂治理工作提供针对性的理论指导；渗漏维修做法篇和开裂维修做法篇对住宅建筑常见的渗漏开裂问题维修做法进行介绍，共汇总住宅建筑 10 个部位 35 篇实例，每篇实例按照问题描述、原因分析、维修方案、维修处理过程、维修造价参考及今后施工防控建议等内容进行编写，以便读者能够全方位了解整个维修过程，具有较强的针对性、实用性和借鉴意义；附录则对青岛市住宅工程渗漏开裂专项治理“两大行动”开展情况进行了介绍。

整个编写过程得到了中建八局第四建设有限公司、山东天齐置业集团股份有限公司、荣华建设集团有限公司、青建集团股份公司、中建八局发展建设有限公司等 11 家企业的积极参与和大力支持，对此向各企业表示感谢。

本书所涉及的渗漏开裂机理分析及渗漏开裂维修做法，仅供读者在工作和学习中参考使用。由于水平有限，书中难免有疏漏和不妥之处，敬请指正。

本书编写组

2020 年 9 月

目　录

上篇　渗漏开裂分析

中篇　渗漏维修做法

下篇　开裂维修做法

上篇
渗漏开裂分析

第 1 章　渗漏开裂分析综述

1.1　渗漏开裂分析的目的

我们知道，人们日常生活和工作都离不开住宅建筑。作为每天必须居住使用的场所，坚固持久的建筑结构和齐备好用的使用功能是衡量住宅建筑质量最重要的两个指标。目前，渗漏开裂已经成为住宅建筑最常见的质量问题，其发生概率相对较高，不仅影响建筑功能的正常使用，而且影响结构的耐久性，甚至危及建筑结构安全。渗漏开裂难以治理的原因，主要是引起渗漏开裂的自然因素、施工因素及使用因素多而复杂，设计、施工缺乏系统理论指导。多年以来，针对住宅建筑渗漏开裂现象研究之众、措施之多、投入之巨，但都无法使渗漏开裂问题得到有效根治，足见其治理难度之大、任务之艰。随着全社会生活水平的提高和对美好生活的追求，人们对加强渗漏开裂科学治理要求日益迫切，研究引起渗漏开裂因素，分析渗漏开裂发生机理，探讨渗漏开裂治理技术，调整渗漏开裂治理思路，具有很强的现实指导意义。

1.2　引起渗漏开裂因素分析

1. 关于外界环境的影响

住宅建筑的设计与建造，至今有许多问题难以“准确”解决，有涉及结构问题的，有涉及功能问题的，比如地基强度与变形问题、地基对基础反力大小与分布问题、地震动参数与结构动力特性问题、风荷载大小与分布规律问题等。渗漏开裂影响住宅建筑正常使用，也是住宅建筑难以解决的难点质量问题之一。这些问题有一个共同的特点，就是它们大都跟外界环境影响因素有关。外界环境影响因素是自然存在的，人为无法改变，比如对于住宅建筑来说，日常影响比较大的外界因素有沉降作用、温差作用、材料干缩作用等，如果从更大范围角度表述，外界因素还应当包括大气、地下水、太阳紫外线等因素。这些因素有两个共同特点，一是它们随时存在且不以人们的意志为转移；二是这些因素存在明显的不确定性和随机性。在这些众多因素的影响作用下，住宅建筑内部构件产生的“效应”大小，很难用“定量”方法准确界定它，而大多数情况下只能用“定性”的方法去分析（有时虽可通过短期变形实验或有关公式推算构件变形值，但因忽略部分影响因素致使推算值无法替代实际真实值）。这显然给问题的解决带来一定的不确定性，比如在温差作用下，建筑物构件会产生胀缩反复变形（自然界大部分材料都具有热胀冷缩的性能，但个别材料会出现热缩冷胀的相反特性，如水），当构件受到周边其他构件或自身其他部位约束的情况下（这种约束总是存在的），在构件内部就会产生内应力，这些变形、约束和应力大小很难准确计算，而这些反复变形产生的内应力恰好又是引起构件开裂的主要原因。对于有防水要求的部位来说，构件发生变形开裂，不但形成渗水通道，而且当上面附着的防水层适应不了这些变形的时候就会发生局部破坏，造成防水失效。再比如，在外界太阳紫外线等因素长期影响下，防水卷材等柔性有机材料会发生化学变化（俗称老化），逐渐失去弹性，变形能力大大减弱，在外界诱发因素作用下会发生脆裂而产生渗漏。这些变化都很难用“定量”的方法来界定，在相应问题处理的“准确性”上不易把控。

2. 关于材料“固有特性”的影响

具有吸湿性的材料和受温差影响的材料大都存在着体积稳定性问题。所谓材料“体积稳定性”，就是材料与环境之间存在湿度差和温度差时，材料自身发生的变形特性。如材料的干缩性能，就是材料内部水分蒸发失水后引起的材料收缩问题。在自然环境下的材料，其失水和吸水、温度升高和降低是经常发生的，因此从理论上说材料的变形随环境和部位的不同时刻在“变化”。当这些“变化”较大时，就可能引起材料的开裂问题（前提是材料受到自身或周边其他构件对其产生约束作用）。

材料的另外一个特性就是相容问题。我们知道，住宅建筑就是多种材料的组合产物，比如在结构构件承载上，钢筋混凝土结构中的钢筋与混凝土之间，靠握裹力“相容”在一起，钢—混凝土组合结构中的型钢与混凝土之间，靠抗剪栓钉及钢材与混凝土之间的粘结“相容”在一起，装配整体式混凝土结构中的PC构件与现浇混凝土之间，靠粗糙面、材料粘结及抗剪钢筋（一般称为抗剪件）“相容”在一起。这些“相容”并不是真实的相容，只是采取措施限制彼此接触面之间相对位移形成协同工作，如叠合板受力后截面最好仍为平面（结构受弯构件正截面计算中的平截面假定原则）。在住宅建筑的一些使用功能上，比如渗漏开裂问题，希望材料彼此之间的“相容”，是要求两种材料分子之间相互粘附或一种材料成分进入到另外一种材料毛细孔内（显然，彼此相容的材料接触面积越大，渗透越充分，粘附越紧密，栓塞越牢固，“相容”效果越好，这也是抹灰前对基层进行凿毛、甩浆处理和涂刷界面剂，各种涂料涂刷前在基层先刷底涂的主要原因），起到粘结或栓结作用，从而达到防空鼓或防水等作用，但在实际工程中受到若干条件限制，大多数材料实现完全“相容”是比较困难的。

当构件自身不具有足够的抗渗、抗裂性能时，为防止渗漏或开裂的发生，我们就要在渗漏易发部位（一般在迎水面）和开裂易发部位加设阻断材料（如防水材料、碳纤维材料等）。而大多数阻断材料，并不能完全满足我们的需要，比如防水材料，在阻断水分子通过的同时，还要求具有足够的变形能力、抗腐蚀和抗老化能力，实际情况是具有一定变形能力的材料，一般不具有抗老化能力（如有机材料）；具有抗老化能力的材料，一般变形能力都比较弱（如无机材料）。再比如要解决室内墙面抹灰开裂问题，最好的方法是采用既具有变形能力又环保耐久的腻子和涂料，但目前这种材料少之又少。

3. 关于传统施工方法的影响

传统施工方法的重要特点就是手工操作情况占比较大。手工操作带来的“人为因素”，经常会影响施工效果，比如屋面防水卷材施工，当接缝质量存在问题时，哪怕出现一处粘结不严密的情况，也会造成屋面整体防水失效（水无孔不入）；再比如墙面抹灰工程，当抹灰层局部厚度不一致时，可能就会引起抹灰层应力变化而开裂。实际情况下，手工操作难以避免这些“人为因素”，结果也就做不到“完美无缺”。手工操作还有一个缺陷就是无法施展施工全过程“绣花”功夫，比如屋面板、卫生间楼板预留洞口后期封堵施工，对于封堵材料制备、洞口周边凿毛湿润、分层浇捣养护等工序来说，因量大面广且操作空间狭小，人工操作很难全部仔细处理到位，给后期渗漏留下了原始通道。

传统施工方法的另外一个特点，就是设计与施工脱节。目前施工单位在渗漏开裂防治处理上，其主要施工依据就是设计图纸，但有少数设计人员缺乏现场实践经验，设计出来的图纸，从选材到构造，都无法满足正常施工和使用的需要，比如在防水材料选择上，设计人员不了解材料的特点和性能，只是按照传统做法或通过他人介绍来选择，造成防水层“适应性”较差，甚至过早失效；关于防水、防裂设计构造问题，目前设计图纸中极少出现具有针对性的渗漏开裂治理构造详图（大多数设计单位采用标准图集，但其治渗治裂效果较差），作为按图施工的施工单位，无法在建筑构造施工上有所“作为”，而这些构造在目前缺乏有效防渗防裂材料的情况下，往往对渗漏开裂治理起到关键作用。

4. 关于住宅建筑产品后期使用管理的影响

住宅建筑经过竣工验收合格后，即进入房屋产品的使用阶段。目前，我国关于房屋维护管理的有关规定还不是很健全，用户房建知识和维护意识相对淡薄，房屋使用后砸墙凿洞、随意破坏改变原有设计做法的现象屡见不鲜，比如房间安装空调时随意在外墙钻洞，为防盗在外窗洞口加设栏杆破坏原有保温层、防水层，卫生间地面粘贴饰面砖前剔凿地面破坏原防水层，在原有墙体上随意增设门洞口造成墙体开裂，甚至有个别用户为获取更高的地下室层高，凿开地下室底板，挖除部分地基土，不仅破坏原有底板防水层，而且造成地基承载力变化引发建筑物整体结构安全隐患，诸如此类现象比比皆是，这里不再一一列举。这些行为带来的不仅是后期隐患问题，有的直接造成房屋大面积渗漏开裂，但是从目前国情来看，杜绝上述问题的发生还存在一定难度。

1.3　渗漏开裂发生机理分析

1. 渗漏发生机理分析

渗漏如果从轻重程度上，可分为渗水和漏水。无论是渗水还是漏水，都是水从迎水面通过构件内部到达背水面。从渗漏发生的要素看，水的存在、渗水通道和“水动力”是缺一不可的，换句话说，就是三个条件中缺少其中任何一个条件，渗漏都不会发生。“水”是产生渗漏的前提条件，没有水就无从谈及渗漏问题；渗水通道，就是水分子通过的通道，凡是与构件迎水面与背水面联通的宏观或微观通道，都是渗水通道；“水动力”就是驱动水分子经过渗水通道从迎水面到达背水面的隐形推力。

从理论上讲，渗漏的发生与存水量、存水时间有关，没有水就不会发生渗漏，而且存水量小、存水时间短，发生渗漏的概率也会降低，所以减少住宅建筑中防水部位水的存量和存留时间是预防渗漏的重要途径，比如通过设置合理泄水口，做好排水坡度等措施及时将水排出，就可以降低渗漏发生的风险；构件不存在渗水通道，或存在渗水通道但通过采取一系列措施后水分子无法到达背水面，渗漏也不会发生，比如构件自防水施工中通过掺加外加剂，其目的就是堵塞混凝土内部细微渗水通道；另外，当采用堵塞通道方式难以实现时，也可以通过加大通道长度，延长水分子经过路径，使水分子难以到达背水面，比如施工缝处增加止水钢板，卫生间地面预埋止水节，穿墙管道设置止水环等，都是延长渗水通道的实例。在实际情况中，完全避免渗水通道是难以实现的，构件施工很难做到处处闭塞，再加上材料温差变形、干缩变形、结构沉降等因素影响，不可避免都存在宏观或微观开裂，自然形成渗漏通道，所以规范中不提倡防水仅采用刚性防水的方案，而在构件迎水面上还要设置其他防水层，最好是柔性防水层。从防水原理看，防水层的作用就是用来阻断渗水通道的。

“水动力”理解起来可能有点抽象。这里的“动力”理解为隐形推力更好，比如水在重力和重力引发的水压作用下，总是从高处向低处或从水压大处向水压小处流动，且随着水压差的增大，发生渗漏的风险或渗漏程度也会增加，所以有些渗漏隐含着受到重力驱动的因素；再比如风雨天气雨水淋在外窗上，雨水从高处下落到低处的窗户上，重力势能变为动能，加速雨水从窗户缝隙渗漏，这种情况属于真正的动力水；再比如风雨天气迎风面风压大于室内空气压力，室外空气通过窗户或窗户周边缝隙流向室内（空气总是向压力降方向流动），同时也把雨水带入，形成风带水，这里面也隐含动力成分。以上的几种情况属于宏观现象，其实还有一种微观情况，比如自然界存在的毛细现象，水分子通过构件毛细管会“爬行”到其他部位（水与管壁之间吸附力和管内水面张力共同作用的结果），俗称“返潮”现象，这正是泛水部位设置一定高度防水层的主要原因。还有一种水面张力作用情况，在凸出外墙面腰线、挑檐以及窗洞口上弦等部位，下雨天会有雨水“粘结”在外沿下部，在风荷载等外力作用下这些“粘结”的雨水失去平衡会不断流向外墙体，增加外墙面或窗洞口周围发生渗漏的风险。显然，“水动力”是产生渗漏的一个条件，研究水、渗水通道及“水动力”这渗漏三要素，对研究防水构造具有重要指导作用。

2. 开裂发生机理分析

开裂是住宅建筑常见质量问题。我们见到的开裂常发生在以下几个部位：结构工程中混凝土构件如板、墙、梁开裂，砌体结构中墙体开裂，装修工程中外墙面、内墙面、顶棚、地面、屋面防水保护层开裂等。住宅建筑开裂发生部位多，频次高。从混凝土等脆性材料构件发生开裂的本质来说，开裂就是“作用”（所谓“作用”是指能够使结构或构件产生内力和变形效应的各种因素的总称）在构件内产生的内应力和应变大于构件抵抗开裂极限能力造成构件产生裂缝的现象。采用应力或应变描述开裂机理基本上是一致的，为使问题简单化（混凝土变形问题非常复杂），我们下面仅从应力角度研究分析开裂问题。构件发生开裂就是“作用”引起的内应力（瞬时）大于构件的抗裂应力（瞬时）。所谓抗裂应力，就是使构件达到开裂极限状态时所需要的应力。显然，抗裂应力大小反映了构件抵抗开裂能力的强弱，抗裂应力越大，构件抵抗开裂能力越强；抗裂应力越小，构件抵抗开裂的能力越弱。从构件内部微观看，抗裂应力与混凝土材料形成过程中因温度、收缩等因素引起的内应力大小与微裂缝多少有关；从构件外部宏观看，与抗裂应力有关的因素非常多（这些宏观因素是我们研究的重点），比如构件自身材料强度（一般指抗拉强度），构件内部掺加或外表面粘涂抗拉材料，在构件需要提高抗裂应力的部位附加连接件、固定件或抗剪件等（当构件内部或外部不存在其他辅助抗裂材料时，其抗裂应力就是自身材料抗拉强度；当构件内部或外部存在其他辅助抗裂材料时，其抗裂应力应为构件自身材料和辅助抗裂材料共同作用下的组合抗拉强度，下同)。研究的构件不同，同一构件的部位不同，同一部位的时机不同，影响抗裂应力因素与大小也不同。从上述开裂产生机理中可以看出，研究宏观开裂问题应当重点关注以下几个方面；一是“作用”的大小；二是“作用”在构件内产生内应力途径；三是影响内应力大小的因素；四是构件自身抗裂应力。

“作用”根据加载方式可分为“直接作用”和“间接作用”。“直接作用”一般指荷载作用（本书称为“荷载”)，主要包括住宅建筑构件自重引起的重力荷载，人员、设备、家具及外界环境产生的积灰、降雪等随时间变化位置或大小发生改变的可变荷载，还有施工吊装和凿除废弃部位产生的冲击荷载等；“间接作用”一般指温差、沉降和材料干缩作用，有时还可能涉及冻融、干湿交替作用等。

在“荷载”或“间接作用”的影响下，构件内应力是如何产生的呢？内应力的产生一般需要两个条件，一是“作用”，二是“约束”。构件在“作用”影响下，会产生微小“移动”或变形，而这些“移动”或变形受到来自周边的约束，相当于周边其他构件或部位对构件施加了“力”，其结果在构件内产生了“作用”效应即应力。需要注意的是，有些“约束”是比较明确的，比如构件在“荷载”作用下，其“移动”受到支座约束而产生内应力，但是很多“约束”的产生或存在有时是非常“隐秘”的，比如构件在温差、干缩和沉降等“间接作用”

影响下，其变形受到来自构件周边其他构件和自身不同部位约束（有时将此现象称为变形不协调）而产生内应力；构件在冻融、干湿交替作用下，材料毛细孔内水分产生的冻胀、湿胀、干缩等变形受到内部其他部位相互制约而产生内应力，而且这些微变形随着冻融、干湿交替不断重复发生而反复产生变形和内应力；连续性冲击荷载引起的冲击力和振动变形，受到来自外部其他构件约束和内部不同部位相互制约而产生内应力，而且同冻融、干湿交替作用下类似，随着连续冲击作用不断重复发生而反复产生变形和内应力。

研究构件在“作用”和“约束”影响下内应力大小问题也是比较复杂的，为使问题更加清晰和更好理解，我们将从下列情况分别进行讨论：

（1）重力荷载和可变荷载作用下的构件内应力问题。构件在“荷载”作用下，受到约束（即节点支座）制约影响，在构件内产生弯矩、剪力、轴力（有时还产生扭矩），从而产生内应力，其大小可根据荷载大小、约束性质、约束位置、构件截面尺寸、材料性质等相关参数，依据工程结构力学或弹性力学等相关理论进行分析计算。

（2）冲击荷载作用下的构件内应力问题。将冲击荷载单独列出来进行讨论，主要是因为它与上述讨论过的重力荷载和可变荷载（这类荷载不会引起构件动力反应，可称为静荷载）不同，最大区别不仅是它的大小随时间变化而改变，而且当它作用于构件后，构件会产生动力效应（具有上述特点的荷载可称为动荷载，显然冲击荷载、风荷载、地震荷载等都是动荷载）。静荷载大小主要与作用物重量有关，而冲击荷载大小除了与冲击物的重量有关外，还与冲击速度、冲击时间等动态因素有关，在平常施工情况下难以准确计算。冲击荷载作用于构件引起的荷载效应，不仅与冲击荷载大小有关，而且与荷载重复作用和构件动力特性有关，所以研究冲击荷载大小及其效应比研究静荷载大小及其效应要复杂得多。为研究问题方便，根据荷载作用的重复次数，冲击荷载可分为一次性冲击荷载和连续性冲击荷载。一次性冲击荷载（如施工中在楼层上吊装材料冲击楼板）不会引起构件较大的动力反应，其作用形态上更接近于静荷载，在实际工作中一般将冲击荷载简化为重力等效荷载（重力荷载 × 动力系数），再按照静荷载作用下的构件进行荷载效应即内应力计算，这里不再重复。连续性冲击荷载（如使用电锤凿除楼地面混凝土）根据荷载重复作用频率的不同，又可分为高频冲击荷载和低频冲击荷载，该荷载最大的特点是它会引起构件较明显的动力反应，其荷载效应除与冲击荷载大小有关外，还与荷载的重复频率、重复次数和构件应力幅值、固有频率等因素有关，所以准确计算连续性冲击荷载及其效应更加困难，工程上一般需要借助能量守恒或工程动力学理论等方法进行研究分析。

（3）“间接作用”影响下的构件内应力问题。构件受到的“间接作用”和周边约束影响因素众多，而且相当一部分因素都是隐性因素，其大小计算不像重力荷载和可变荷载及其效应计算那样直观明确，只能根据材料性质、周边环境、时间周期、施工条件、内部构造、周边连接等相关参数和因素进行定性判断，比如构件发生干缩作用，需要从材料含水率、气温、环境湿度、风速、覆盖条件等综合判断干缩作用大小，构件含水率高、气温高、环境湿度低、风速大、施工未采用保湿覆盖养护，这时将产生较大的干缩作用而产生较大变形，此时构件受到周边或自身不同部位较强约束，就会产生较大内应力。

（4）“作用”影响下构件内应力大小变化及区域分布问题。构件在“作用”影响下发生了变形，由于约束的存在，构件内产生了内应力，换句话说，有变形和约束存在的部位就会有内应力产生，在变形总量一定的情况下，变形量大受约束强的区域将产生较大内应力，出现局部应力峰值，该区域发生开裂的可能性或开裂程度就会大大提高。与之相反，当变形和约束分布基本均匀时，构件内产生的内应力也相对平均，不会出现或较少出现局部应力峰值，这对于减少构件开裂或降低开裂程度是非常有利的。理解并利用上述理论，我们就会比较轻松地解释日常生活中常遇到的一些开裂问题，比如墙面抹灰有时会在空鼓区域周边开裂，地面敷设钢筋网会明显降低开裂程度等。研究构件开裂问题还有一种特殊情况，就是构件在存在“缺陷”的部位如洞口、沟槽、缺口、尖角、截面尺度突变等处，会出现局部应力突增情况，这可能与构件材料分子排布、分子间引力和斥力以及构件内部应变能、应力变化等微观因素有关，工程上一般称为应力集中部位。

（5）“作用”影响下构件内力“传递”与“积累”问题。构件变形受到周边和内部约束后，在约束存在的部位产生内力（内力方向与变形方向相反），当该内力引起的应力较小（变形微小）未引起局部开裂时，构件可视为处于弹性工作状态，内力会沿构件变形方向往远处隐性“传递”，而且随着各处变形的增长内力也不断增加，直至内力“积累”的应力足够大时引起构件最薄弱处（即抗裂应力最小处）开裂；构件开裂后变形区域发生局部调整改变,内应力产生重新分布,内力重新“积累”到足够大时又引起新的开裂，直至内应力大小无法突破构件抗裂应力时，开裂现象即停止，比如地下室剪力墙受到周边“线”形、大面积房间地面受到基层“面”形约束后大约中部首先发生开裂，当变形继续发生时可能在横向 1/4 跨度附近又产生新的开裂就是典型例子。

（6）“作用”影响下构件内应力“叠加”问题。无论“荷载”还是“间接作用”都能在构件内部产生内应力。那么在日常生活工作中见到的构件开裂是由“荷载”应力引起还是由“间接作用”应力引起的呢？实际情况下很难区分清楚，原因是处于住宅建筑中的构件，每时每刻不仅受到“荷载”因素影响，同时受到“间接作用”因素影响，也就是说引起构件开裂的内应力往往是“荷载”和“间接作用”共同影响、相互“叠加”（实际上用“组合”描述更加准确）产生的，有时单独把“荷载”或“间接作用”引发开裂问题拿出来讨论，只是为了把复杂问题简单化，便于大家理解而已，实际工程中不存在绝对由“荷载”因素引起或“间接作用”因素引起的开裂情况。当“叠加”结果形成的总内应力大于构件抗裂应力时，构件就发生了开裂。但是应当注意，引起构件开裂的因素中，它们成分占比是不一样的，至于哪个因素是主要因素，哪个因素是次要因素，在工作中要结合工程部位、作用大小、周边约束、材料性质、内部构造、产生时间、开裂部位、开裂走向、开裂形态等多种情况进行综合分析并做出准确判断。

从以上分析可知，构件是否发生开裂除与构件内应力大小有关外，还与构件抗裂应力有关。显然，构件自身材料强度越高，其抗裂应力越大，构件越不易发生开裂。但是在内应力不变情况下为了避免或减少构件开裂，有时纯粹通过提高材料自身强度来提升构件抗裂应力是不经济的，比如混凝土材料随着抗压强度提高，其抗拉强度提高幅度并不大，反而因水泥用量增加会引起收缩变形变大。实际工作中通过掺加抗裂纤维、敷设抗裂材料等途径来提高构件组合抗裂应力可能效果更好。

通过构件开裂机理分析可以看出，研究开裂问题比研究渗漏问题要复杂得多，主要是因为开裂问题涉及因素众多，而且多数因素不可避免且存在不确定性。但是从发生开裂的主要因素看，其实开裂与渗漏产生机理很相似，也存在三个条件，一是有“作用”影响到构件；二是构件要有受到来自周边其他构件或自身其他部位的约束；三是构件抗裂应力小于因“作用”产生的内应力，简单说就是“作用”越大（可理解为变形越大），“约束”越强，抗裂应力越小，构件就越易发生开裂。那么，一般情况下住宅建筑中哪些部位容易发生开裂以及发生开裂后会带来哪些影响呢？

构件在“荷载”（连续性冲击荷载除外）作用下受力和变形理论都是比较明确的，由“荷载”引起的构件开裂大致分布规律也是比较清楚的，比如在重力荷载和可变荷载等竖向荷载作用下，受弯构件将在跨中底部和两端支座上边缘可能产生裂缝；在风荷载和地震荷载等水平荷载作用下，框架梁、连梁在梁端上下边缘可能出现不同程度的开裂现象，剪力墙、框架柱等竖向构件在剪力墙底部加强部位边缘构件和柱两端箍筋加密区都可能产生裂缝。这些裂缝都是因“荷载”过大、约束“不力”（注意这里的“不力”仅是从开裂理论中的约束强弱角度，实际结构中因传力、抗震、变形控制等需要，其节点构造很难改变）或构件抗裂能力不足，“荷载”在构件内产生的内应力大于构件抗裂应力而产生的，对构件承载力和刚度造成不同程度影响，因此一旦构件出现荷载受力裂缝，应当进行仔细观察和全面分析，有针对性地制定维修加固补强方案。

连续性冲击荷载对构件的影响，除与冲击荷载大小有关外，荷载重复频率和构件动力特性是重要影响因素。当冲击频率与构件固有频率相差较大时，构件不会发生共振，振幅较小，动力反应较弱，构件一般处于弹性变形状态，对构件承载力和刚度一般不会造成影响，但应当注意在冲击荷载重复作用下，混凝土构件内部已存在的微裂纹开始延伸、连接并持续拓展，最终形成外观可见小裂缝，对构件观感和耐久性带来一定影响（冻融、干湿交替作用引发的裂缝与此裂缝类似，故不再赘述）。当冲击频率接近构件固有频率时，构件会产生共振现象，引起构件强烈动力反应，不但剧烈振动，而且振幅很大，内应力突增，在持续重复作用下混凝土构件发生贯通性开裂，对承载力和刚度造成较大影响，所以遇到连续性冲击荷载引起的混凝土构件裂缝时，应当结合实际进行仔细甄别和全面分析，明确是否需要进行加固补强；对构件承载力和刚度造成较大影响的振动裂缝，应当制定有针对性的维修加固补强方案。

“间接作用”引发构件开裂部位和影响问题，并不像“荷载”作用那样“直观”和“直接”，因其复杂性和不确定性，很难“准确”计算和把控，只能通过作用大小、约束分布强弱和构件抗裂应力大小等诸多因素大致判断构件开裂部位。比如内墙抹灰开裂问题，含水率高且通风良好又未定期喷水养护，发生干缩作用要大，未分层抹灰干缩变形要大，变形受到来自基层和自身不同区域约束也大，抹灰层从外表面开始产生较大内应力，当表面砂浆抗裂应力即抗拉强度无法抵抗该内应力时，抹灰层就会从表面开始开裂；在基层处理不到位存在粘结不牢的空鼓部位，会出现应力局部增高情况，所以在墙面出现表面龟裂和空鼓部位出现“环形”开裂的可能性是比较大的。在日常生活工作中对于“间接作用”引起构件开裂问题，除可通过不同材料连接区域粘结强弱和构件应力集中部位，可大致定性地判断出开裂位置外，其他大部分构件都无法“准确”判断出开裂部位，原因是当“间接作用”效应足够大时，构件会在抗裂应力最小处开裂，但作为外观“整体”性非常好的构件，很难判断其抵抗能力哪里强、抵抗能力哪里弱。这给后期施工带来一个很大的麻烦，就是无法提前知道在哪个部位或区域需要采取防裂措施，所以有时在施工中采用大面积抗裂措施（如墙面抹灰附加钢丝网、饰面层增贴耐碱玻纤网格布等），也是不得已而为之。至于“间接作用”引发裂缝带来影响的问题，对一般构件来说影响轻微，但对于一些关键、重要部位和耐久性要求高的构件而言，其裂缝影响是不可忽视的，实际工作中应结合具体情况实施综合判断并进行有针对性的处理。

1.4　渗漏开裂治理技术有关问题

1. 关于复合防水问题

根据《地下防水工程质量验收规范》GB 50208—2011 的规定，在混凝土结构防水一级至四级设防中，常把混凝土自防水作为一道防水层（相关防水规范都有此做法），其他防水卷材、防水涂料、防水砂浆等作为另一道防水层。众所周知，混凝土防水、砂浆防水等刚性防水层，都存在一个很大的弊端，就是受到自身密实度、施工缝、穿墙（板）管道、外力作用、温差作用、材料干缩等诸多因素影响，很难做到无“缝”工作，这里的“缝”包括宏观的缝和微观的毛细通道（至少目前规范上还没有出现杜绝上述“缝”的材料或做法）。水是无缝不入的，目前在没有可靠措施确保混凝土做到无缝工作状态的大多数情况下，把混凝土等刚性防水层作为一道防水层已基本失去意义，加强迎水面防水层设计和施工势在必行。

当前，屋面、地下室防水大多数都采用卷材防水，这是由于卷材防水的特点和施工环境、条件等多种因素共同决定的。但卷材防水有一个弊端，就是施工接缝多，受环境因素影响大，经过一段时间使用后，卷材容易老化，弹性变形能力下降，材料间粘结拉伸强度减弱等，在外力（泛指）作用下，一旦产生变形，接缝翘边或开裂现象都有可能发生，造成防水层失效，产生漏水现象。另外，卷材防水层发生渗漏时，水在防水层下面到处流动（蹿水），在后期维修时难以找到渗漏点，这给维修工作带来很大难度。

建议有条件的情况下，大面积防水层尽可能采用涂膜（如非固化橡胶沥青防水涂料）加卷材柔性复合防水（注意材料之间要具有相容性，比如沥青类防水涂料和沥青类防水卷材复合防水材料），一是加强建筑物迎水面的防水阻断效果，防止仅采用一道卷材防水层时卷材受拉开裂造成防水整体失效；二是利用柔性防水层具有较好的弹性变形能力，保证防水层适应基体、环境等变形要求；三是涂膜加卷材复合防水一旦发生防水失效，可以快速找到防水层破坏失效部位（渗漏处涂膜防水层已失效），极大地方便了后期的维修工作。

2. 关于卫生间地面防水问题

卫生间楼板施工有个特点，就是穿过楼板的管道比较多。

施工时管道很难一次预埋定位准确，往往需要采用预留洞口的方法，在后期管道安装调整到位后再用细石混凝土或防水砂浆等嵌填材料将管道周围堵塞到位。目前为保证后填材料与原混凝土之间“密实”，采取了凿毛、分层填塞、加膨胀剂等若干措施。实际施工中无论采用多少措施，都无法解决新老材料之间的“两层皮”问题，何况一些措施因施工管理、现场操作空间等问题难以执行到位，所以该部位的渗水通道将无法避免。建议有条件时采用预埋管道止水节的施工方法，避免或减少管道根部渗漏。

卫生间地面防水施工存在的另外一个问题，就是涂膜防水施工前的基层施工与清理。基层施工要求大面压光、洁净，含水率不大于 9%，在墙立面及管道根部留半径不小于 20mm 小圆弧等。在实际施工中，因工期和管理问题，很难做到上述要求，特别是地面防水基层起砂或其他工序残留在地面的砂粒或尖硬混凝土、砂浆颗粒，在未处理到位情况下进行涂膜防水施工后，一是上人踩踏，造成防水层产生“沙眼”而渗漏，二是涂膜防水层在砂粒等处变薄，极易造成防水层失效或耐久性达不到预期。所以，涂膜防水施工前对基层进行细致处理并减少穿插施工中的交叉污染和破坏就显得非常重要。

3. 关于地下室防水问题

地下室防水施工相对复杂，各种因素相互影响也比较多，比如结构不均匀沉降、混凝土收缩、地下水浮力、后浇带二次施工清理、防水卷材甩茬、施工工序交叉等。这些因素在以往分析问题时经常遇到，也被大家所熟知，但有些因素，大家并不是很关注，而恰恰这些因素可能成为当前地下室渗漏的主要因素。比如地下室外墙周边基坑回填土问题，目前相当多的工程地下室外防水层（因受地下水影响较大及渗漏后难以修复等原因，地下防水卷材的物理性能指标往往要高于屋面防水卷材），都采用粘贴聚苯保温板作保护层，而且施工时聚苯保温板之间拼接不严密的情况相当普遍。当基坑回填施工后，回填土沉降会对埋置于土中的保温板产生向下负摩阻力，该负摩阻力带动聚苯保温板下沉，聚苯保温板又对卷材防水层产生拉动作用（聚苯保温板与卷材粘结作用越强，拉动作用越大），造成卷材变形开裂渗水，地下室外防水失效；同时，当回填土内含有较大石块、混凝土块等尖硬成分时，极易造成地下室室外防水层的破坏。还有一个问题，就是地下室顶板防水保护层的施工和地面种植土的回填时间。因工序安排不合理，地下室顶板防水刚性保护层施工和地面种植土回填工作滞后，一是造成顶板防水层失去有效保护，施工穿插易引起破坏（个别工程顶板防水未设刚性保护层，回填土内含有的大型石块等尖硬成分易造成防水层的破坏）；二是可能造成建筑物抗浮能力不足，给结构带来安全隐患。再一个问题，在刚性保护层与防水层之间未设置隔离层，刚性保护层分格缝间距又过大，分格缝深度未达到防水层（部分屋面施工也存在该问题），在温差和材料干缩作用下，刚性保护层缩胀变形“拉动”防水层（保护层与防水层之间存在粘结力和机械咬合力），极可能造成防水层过早开裂。最后一个问题，就是地下室外墙卷材顶端施工收头问题，目前很少工程能够严格按照规范要求采用金属条钉压加密封防水材料的方法进行收头，收头部位过早翘边、下坠引起卷材在收头处开裂而产生渗漏。

4. 关于外墙（窗）防水问题

建筑外墙的渗水问题，对住宅建筑的正常使用影响甚大，受到社会普遍关注。外墙面渗漏，主要与两个因素有关：墙面开裂和墙面排水。外墙面的开裂与渗漏是"相伴而行"的，也就是说，目前大部分外墙面渗漏都是因开裂引起的（不含人为破坏情况），所以研究外墙防水问题，主要从研究防止外墙面开裂入手。减少或杜绝外墙面开裂，目前主要手段是在存有"热桥"的部位做好保温，减少基层墙体变形；在外墙应力集中、受力复杂的部位采用圆弧过渡和附加耐碱玻纤网格布等措施，用于降低应力集中和提高保温抹面层抗裂应力；控制抹面胶浆厚度及均匀度，防止材料干缩和局部应力集中引起开裂。另外，就是外墙面排水，显然排水速度快，不存水，渗漏发生的频率就会大大减少。外墙面需要做好排水处理的部位，主要有外窗台以及凸出墙面的腰线、雨篷、空调板等上部，可以说排水坡度越大越好，但在实际施工中，该问题并没有引起部分施工单位足够重视，积水现象时有所见，造成外墙存在渗漏隐患。现在有一种做法，就是在基层凸出墙面构件根部增设防水层，这有助于堵塞根部开裂形成的渗水通道。

建筑外窗周边渗漏是施工中的老大难问题。其实，从目前外窗安装工艺和与墙体间的构造来看，发生渗漏问题并不奇怪。

风雨天气下，作用在外窗上的雨水，具有动力性（高空雨水下落后势能变为动能），同时由于风压变化，迎风面正压风会向室内流动（室内风压相对要小），从而带动雨水从窗框与四周墙体之间的缝隙渗入室内。所以说，要彻底改变目前外窗渗漏现状，需要从研究外窗的安装工艺和防水构造方式入手，借鉴幕墙中的“雨幕原理”，结合截、排防漏技术，综合实施治理。

5. 关于防水施工检验问题

施工检验是衡量施工效果的重要方式，是判断住宅建筑质量的重要手段，是工程质量验收重要的组成部分，它贯穿整个工程建设的全过程。作为防水工程，其质量涉及住宅建筑的主要使用功能，一旦出现渗漏，其补漏和饰面层恢复等若干环节（特别是卷材防水因内部蹿水，渗漏点很难确定），不仅施工操作难度大并造成资金浪费，而且由此带的“次生影响”难以消除。所以说，防水施工检验显得尤为重要。

防水施工检验，不同部位可采取不同的检验方式。检验方式通常有三种：雨后观察、淋水实验和蓄水实验。比如坡屋面一般采用雨后观察或淋水实验，外窗采用淋水实验，檐沟采用蓄水实验等。在防水工程施工中，由于检验手段和施工工期的限制，以及施工管理滞后的影响，施工检验环节或多或少存在一些弊端，一是注重平面防水（如平屋面、卫生间）检验，而忽视斜面防水（如坡屋面）检验；二是注重防水“大面”检验，而忽视防水节点检验（如卷材收头节点）；三是注重施工后期检验，而忽视施工过程检验；四是个别工程注重形式检验，而忽视“完整性”检验（如蓄水实验时在水落口和地漏外侧堵水致使落水口和地漏周边防水收头效果无法得到检验）等。

消除上述检验弊端，保证防水施工效果，编者认为应当从以下几个方面进行改进：一是施工前应制定防水施工检验方案，明确检验的部位、方式、持续时间、效果检查等；二是不同防水施工部位，选择不同的检验方式，并根据检验能力分区域分别实施检验，如对卷材收头部分采用淋水实验，对平屋面防水采用蓄水实验。平屋面面积较大时，将屋面分成若干区域分别进行检验，保证检验相关参数满足规范要求；三是对防水施工应采取全数检验方式。一般情况下，住宅建筑施工检验，鉴于检验对象（检验批、分项工程、分部工程、单位工程）数量或体量较大，操作水平和施工工艺基本相同，施工质量整体处于可控和可接受的范围内，所以大都采取随机抽样检验方法，即利用所抽取的样本检验结果“映射”检验对象整体质量，但对于防水工程而言，因为水无孔不入，哪怕一点一处出现施工问题，都可以成为渗水通道，造成防水局部失效甚至整体失效（如防水卷材），所以防水施工应采用全数检验方式；四是加强防水施工的过程检验，防水施工问题发现越早，补救造成的损失就越小；五是正确处理施工检验与整体工期之间的关系。工程后期一旦发现防水施工出现问题，除需要额外增加较大维修费用外，其维修耽误的工期较施工正常检验所用时间长得多；六是加强防水施工检验管理。对检验方案应进行审批，对检验过程进行跟踪检查，对防水薄弱节点检验应进行旁站监理。

6. 填充墙砌体与抹灰防裂施工问题

关于住宅建筑开裂问题，目前最集中也是备受关注的就是内墙抹灰开裂。我们知道，引起墙体开裂的内应力总是存在的，形成内应力的因素非常多，有些因素“人为”手段无法改变。目前减少墙体开裂的施工措施，比较普遍的做法就是通过降低砌块含水率、涂刷水泥基界面处理剂、分层抹灰、在抹灰层中掺加抗裂纤维或满铺防裂网、在不同材料交界处采用加强网和加强抹灰层保湿养护等途径，从降低墙体、抹灰层内应力和提高抹灰层抗裂应力两方面予以治理。通过开裂机理分析得知，有关内应力与抗裂应力的实际大小与分布相当复杂，相关理论不完善及目前并不被广泛应用，换句话说，就一般住宅建筑墙体及抹灰而言，因无明显的外观形状、几何尺寸变化，抹灰层开裂的位置、程度及形态，事前很难“准确”把控。减少填充墙体抹灰开裂，除以上提到的常见防裂措施外，建议砌筑基层墙体时，在大于5m的长墙中间部位、洞口两侧部位增加构造柱，在窗台部位设置通长压顶梁、设置墙体控制缝，用以均衡墙体内应力，避免墙体应力集中而出现开裂情况。

1.5　渗漏开裂治理思路

通过本章论述得知，渗漏开裂现象的发生，不但与外界环境有关，还与材料、施工等众多因素有关。从治理难度的角度说，提高设计标准和采用新型有效防渗防裂材料是治理渗漏开裂的主要途径。目前，规范对一些重要部位的防水标准要求不高，个别建设单位对防水做法干预过多，致使防水设计较实际需求大打折扣；此外，大部分材料性能和特点还无法满足彻底解决渗漏开裂问题的需要，故只能建议通过调整治理思路，改变设计、施工中一些传统做法，减少房屋使用后期渗漏开裂的发生。建议治理思路调整为“回归本质，精准施策，注重构造，综合防治”。渗漏开裂治理要从问题的本质出发，通过渗漏开裂发生机理，准确找到治理措施，把其中最有效的措施放在落实首位，对难度较大的渗漏开裂从研究构造出发，遵循多道设防、综合治理的原则，不断提高渗漏开裂治理工作的有效性。

中篇
渗漏维修做法

第 2 章　渗漏维修做法综述

渗漏是住宅建筑常见质量问题之一，它影响着人们正常生活和工作，是广大居民迫切需要解决的问题。从渗漏产生的因素和发生机理看，就目前材料工业和施工技术发展而言，完全杜绝房屋渗漏问题是有难度的。但是通过采取科学的防治方法，减少住宅建筑渗漏出现的概率还是可以实现的。住宅建筑一旦出现渗漏，目前唯一有效的方法就是进行科学维修。本篇对日常生活中常见的 4 个房屋渗漏部位，共 18 种渗漏维修做法实例进行了详细阐述。一个完整的渗漏维修包括渗漏观察、渗漏分析、方案制定、维修施工等若干工作环节。那么，如何正确理解各环节相互关系和全力做好各环节工作呢？

2.1　渗漏问题的观察

目前，渗漏问题容易出现在住宅建筑以下几个部位：屋面、外墙、外窗、卫生间、开敞式阳台、地下室等，简单地说就是有水存在的地方，房屋都有可能产生渗漏问题。渗漏观察，主要目的是为渗漏分析打下基础，比如卫生间管道根部渗漏，我们需要观察背水面渗漏发生的具体部位、范围、渗漏程度等，同时还要了解和观察迎水面建筑构造、了解防水做法以及房屋使用情况，特别要观察房屋使用后有无破坏防水构造和防水层的情况。观察中应对相关情况做好记录，必要时进行拍照，也可以进行局部轻微破损检查（检查前应提前征得用户同意），以提高观察工作的准确性和全面性。

2.2 渗漏问题的分析

对渗漏问题进行分析，是为制定有针对性的维修处理方案做准备的。做好渗漏问题的分析，是整个维修工作的关键环节。首先，分析人员应当具备一定的理论知识，对一般渗漏问题产生的原因和机理有所了解（可参考第1章的有关介绍）。根据渗漏产生机理，结合渗漏问题观察结果，再进行综合分析、判断。以卫生间管道根部渗漏问题为例，管道根部渗漏发生的机理，一是地面防水层失效。若渗漏问题比较严重，可以判断防水层已经失去阻断作用。根据观察结果，分析现场有无破坏防水层情况出现，如果有破坏情况（如用户进行过二次装修），这样就基本找到了渗漏的原因；如果没有破坏情况出现（建筑做法保持原样），可能情况是施工时防水层已经破坏，有关防水检验环节把关不严，未能及时发现防水层失效。二是管道根部预留洞口出现渗水通道。如果预留洞口二次嵌填施工到位，即使防水层受到破坏，因渗水通道已被阻断，渗漏就不会发生或渗漏程度也会有所减轻。从以上分析中还可以看出，引起渗漏现象的原因，往往是多方面的，但其中一种或两种是主要原因，就是说主要原因不存在，渗漏现象基本不会发生，比如上述例子中的防水层失效，就是主要原因。找出主要原因的目的，就是为制定“可靠”维修方案做好“方向”准备。当然，要做好渗漏问题的分析工作，是一件非常复杂细致的事情，除了要具有一定的理论知识外，拥有丰富的实践经验也非常关键，二者缺一不可，比如对屋面渗漏分析，除了要了解可能出现的渗水通道，还要知晓屋面防水层施工特点和做法。屋面防水卷材接缝多，受施工和环境因素影响大，一旦接缝防水失效，造成渗水（外界渗漏进来的水分）在防水层下到处流动（蹿水）。屋面出现渗漏的地方，不一定就是卷材防水失效的部位，因此在屋面渗漏观察阶段，应分区域进行闭水实验，以明确屋面防水层具体渗漏点位置。如果屋面防水层具有很好“整体性”，可以判断屋面的渗水可能出现在卷材收头部位。再比如对地下室渗漏进行分析，更需要理论和实践经验的支持，主要是因为该渗漏与设计、施工、环境等众多因素有关，同时大部分地下室埋入地下，防水层破坏情况无法直接观察，进行闭水实验也无法进行，所以地下室的渗漏分析工作要从开挖观察（仅在埋置深度较浅时采用）、设计做法、混凝土施工及施工缝留置、防水层施工、防水层保护、回填土施工、地下水水压变化及植物种植等众多情况出发，结合对室内渗漏部位及渗漏程度的观察进行综合分析推断。从这里可以看出，渗漏问题的观察和分析两项工作是密不可分的，而是你中有我，我中有你，需要根据实际情况灵活加以运用。

2.3　渗漏维修方案的制定

渗漏维修方案是维修工作的施工依据。制定方案，首先要根据渗漏问题分析结果并结合渗漏现状有针对性地进行，必要时应制定不同的初步方案，进行综合比较后确定最佳方案，比如以地下室渗漏维修为例，首先应全面分析渗漏产生原因，结合渗漏部位裂缝宽度、深度及漏水缓急现状，从以下初步方案中选取最佳方案：一是迎水面直接维修方案，当判断防水层破坏部位埋置深度较浅时，可采用开挖方式在迎水面直接进行堵漏，这样维修效果最佳，但是费用较高；二是背水面间接维修方案，目前主要有以下几种做法：（1）对潮湿而无明水的渗水部位，采用先涂布水泥基渗透结晶型防水涂料，再抹压聚合物水泥防水砂浆的维修方法，施工简单费用低；（2）对水压小的较窄裂缝采用剔槽嵌填速凝材料直接封堵后外加防水砂浆抹压的维修方法，施工较为简单，费用较低；（3）对水压较大或深度较大裂缝，采用注浆法堵漏，施工技术成熟，治漏效果较好，目前地下室渗漏维修大都采用此方案；（4）对水压及缝宽均较大的裂缝，采用沿缝剔槽分段嵌填防水速凝材料并间隔留置引水孔排水泄压，把大漏变小漏、把线漏变点漏、把面漏变点漏，施工较为复杂。在选定最佳方案后，还应当对确定的方案进行细化，以满足维修工作的需要，比如具体构造、必要的尺寸、使用的材料、维修注意的问题等。维修方案应履行必要的审批手续，以减少错误的出现，保证最佳的维修效果。

2.4　渗漏维修过程

渗漏维修是一件非常细致的工作。维修前应对维修方案进行必要的技术交底，了解维修工作的关键环节和具体做法，并对准备的机具、材料等进行必要的检查。维修中应按事前确定的施工工艺进行施工，仔细检查每道工序是否达到标准要求，不得随意颠倒工序或上道工序未完成即进行下道工序施工，更不能任意减少工序，只做“表面”文章。维修时还应有专业技术人员现场监督和指导，保证维修工作不出偏差。维修工作结束后，应当对维修效果进行检验，对维修工作组织验收，必要时拍照留存。

2.5　维修效果的回访和总结

维修部位经过一定期限的运行使用，维修人员应当进行维修效果回访，实地查勘维修部位，听取使用方意见，并根据实际情况进行总结，不断对维修思路和做法进行改进，必要时形成文字资料。

2.6　渗漏防控措施的制定

对渗漏问题的治理而言，防控是主动的，维修是被动的。因此，做好渗漏防控工作是解决渗漏问题的关键。本书中在每个实例的最后，都提供了有针对性的施工防控措施，供读者在今后的施工和维修工作中参考。

第3章　渗漏维修实例

3.1　屋面渗漏维修

3.1.1　实例01：屋面与梯间侧墙交界处渗漏

该住宅建筑于2015年11月开工建设，地下2层，地上18层，总建筑面积10655.64m^2，建筑总高度为56.52m，基础结构形式为混凝土筏板基础，主体结构形式为剪力墙结构，外墙面保温采用B_1级EPS模塑聚苯保温板。该工程屋面设计为上人屋面，屋面防水做法为4mm+3mm厚SBS防水卷材两道，采用结构找坡，屋面保温做法为70mm厚B_1级XPS挤塑聚苯保温板。工程竣工时间为2017年12月，毛坯交付。

1. 问题描述

渗漏发生时间为2018年7月，因连续多天降雨，该住宅楼梯间顶部墙面、休息平台出现局部渗漏现象。接到物业公司问题反映后，工程建设、施工等单位相关人员随即到现场落实处理。经各方现场查勘，楼梯间侧墙有明显湿渍，偶有水滴降落，地面无明显积水（图 3.1−1、图 3.1−2）。

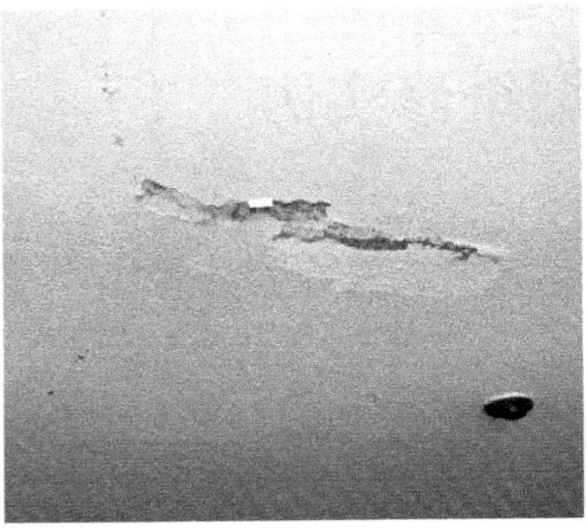

图3.1−1　梯间顶板渗漏

图3.1−2　梯间侧墙渗漏

2. 原因分析

针对渗漏发生实际状况，技术人员作出如下原因分析：

（1）根据渗漏出现部位，初步判断渗漏发生在屋面与梯间侧墙交界处。经现场对屋面局部破坏性检查，发现有一根电线导管穿过屋面防水层，造成屋面防水失效，这是产生该渗漏的主要原因。

（2）通过对出屋面梯间外墙面观察和了解，该住宅外墙采用外保温薄抹灰体系，在外墙根部泛水部位上端，因保温施工工序不当造成此处存在明显横向开裂现象，而该渗漏恰巧出现在梯间侧墙相对应部位，由此可推断外墙保温层开裂形成的渗水通道使外部雨水进入保温层内部。

（3）屋面梯间外墙根部泛水防水卷材收头未采取金属压条

钉压固定和密封材料封严措施，保温层内的雨水通过卷材翘边、开裂的收头部位进入室内，引起侧墙渗漏。

3. 维修方案制定

根据对该渗漏问题产生原因的分析，制定如下维修方案：对出屋面梯间外墙保温各构造层进行局部剔凿拆除；对泛水部位的保温层、防水层、卷材收口等部位重新进行施工。

4. 维修处理过程

（1）主要材料及机具

4mm+3mm 厚 SBS 防水卷材、冷底子油基层处理剂、金属压条、水泥钉、改性沥青防水油膏、堵漏剂、EPS 模塑聚苯保温板、粘结砂浆、抹面胶浆、耐碱玻纤网格布、外墙涂料、C25 细石混凝土、切割机、电镐、电钻、喷雾器、锤子、凿子、滚刷、毛刷、抹刀等。

（2）工艺流程

对问题部位的屋面及外墙进行剔凿拆除→清除原粘结砂浆→采用堵漏剂对穿线管洞封堵→清理原防水层上的杂物及灰尘→喷涂冷底子油基层处理剂→新增 SBS 防水卷材施工（新旧防水卷材搭接宽度不小于 100mm）→卷材收头采用金属条钉压施工→改性沥青防水油膏密封→外墙保温层恢复→细石混凝土保护层恢复→ 24h 蓄水试验（图 3.1-3~图 3.1-7）。

编者注：本实例中在新旧混凝土保护层交界处、防水保护层与山墙之间应分别增设 20mm 和 30mm 的分格缝。

图 3.1-3 剔凿检查渗漏点

图 3.1-4 防水层施工

图3.1-5 蓄水试验1

图 3.1-6 蓄水试验 2

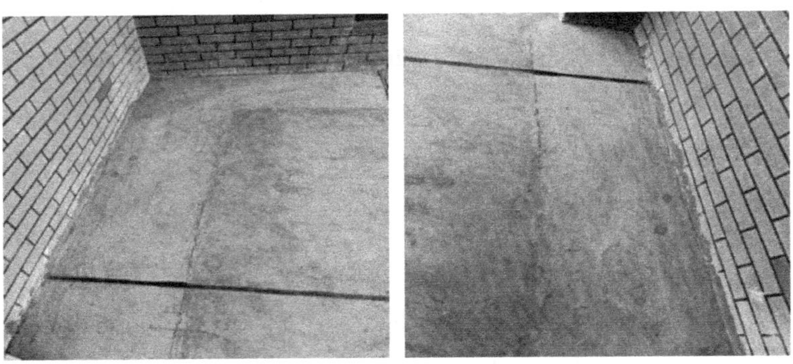

图 3.1-7 修补完成效果

5. 维修效果及成本

（1）维修效果

经过与现场维修负责人沟通和对业主进行回访，采用此方法修补的屋面渗水部位后期均未出现渗漏。

（2）维修成本

经统计，该处渗漏问题的总维修费用为 2412 元，具体费用明细如下：

费用名称	材料名称	数量	单价（元）	合计（元）
人工费	—	5 工日	220	1100
材料费	堵漏剂	2 箱	75	150
	SBS 防水卷材	1 卷	180	180
	粘结砂浆	1 袋	100	100
	C25 细石混凝土	$1m^3$	500	500
	金属压条	6m	2	12
	水泥钉	30 个	0.8	24
	EPS 模塑聚苯保温板	$2m^2$	20	40
	外墙涂料	1 桶	280	280
	耐碱玻纤网格布	$3m^2$	2	6
其他费用	少量冷底子油基层处理剂、抹面胶浆、改性沥青防水油膏等			20
合计				2412

6. 施工防控建议

（1）卷材防水层收头是防水施工的薄弱环节，因此在施工上应予以高度重视。

（2）为防止卷材收头翘边、下坠，施工时应当采用金属条加钉压方式固定（钉距不大于 300mm），并用密封材料嵌缝封严。

（3）做好防水层成品保护。屋面防水层施工前，所有管线、设备、预埋件等都要安装到位，不允许防水层施工完成后再进行安装施工，防止防水层被破坏。

（4）块体材料、水泥砂浆、细石混凝土保护层与女儿墙或山墙之间，应预留宽度为 30mm 的分格缝，缝内应先填塞背衬材料聚乙烯泡沫棒，再用密封材料嵌填。

（5）有条件的情况下，密封材料建议选用硅酮耐候密封胶。

3.1.2　实例02：屋面阁楼檐沟下方外墙渗漏

该住宅建筑于 2015 年 4 月开工建设，地上 6 层，建筑面积 3600m^2，建筑总高度 20.15m，结构形式为混凝土框架—剪力墙结构，基础形式为混凝土筏板基础，持力层为天然地基；屋面为坡屋面，设计防水做法为屋面瓦加 4mm 厚 SBS 防水卷材。工程于 2016 年 12 月竣工。

1. 问题描述

渗漏发生时间为 2018 年 8 月。一场大雨过后，六楼住户反映家中出现渗漏情况。根据现场观察，渗漏集中于阁楼混凝土外墙，渗漏部位有明显的裂缝和潮湿水渍痕迹（图 3.1–8）；该内墙外侧设计有檐沟，檐沟外沿砂浆局部剥落，防水卷材收头翘边、开裂。

图 3.1–8　渗漏部位照片

2. 原因分析

针对该渗漏问题出现的部位，结合工程实际和渗漏发生机理，技术人员作出如下原因分析：

（1）从檐沟（图 3.1–9）外沿剥落的砂浆看，檐沟防水卷材收头已出现翘边、开裂情况，施工未使用金属压条、水泥钉进行有效固定，雨水从收头部位进入檐沟内侧，悬挑的檐沟内

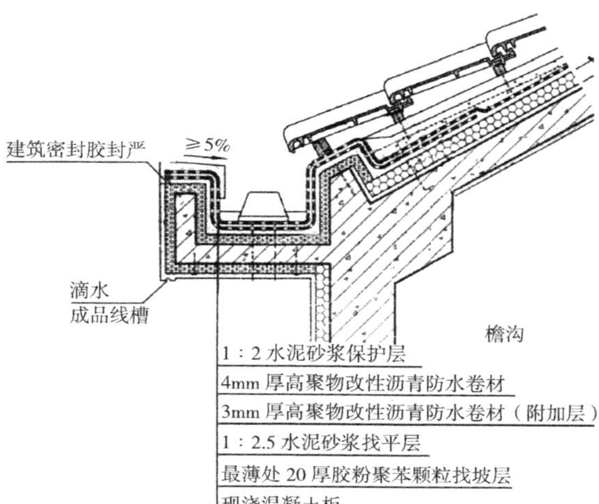

图 3.1–9　工程设计檐沟防水构造示意图

侧混凝土存在微小裂缝，形成渗水通道，这是该渗漏产生的主要原因。

（2）阁楼檐沟处外墙混凝土因干缩和温差作用产生变形开裂，形成渗水通道，这是引起该渗漏的另外一个原因。

3. 维修方案制定

根据上述原因分析，技术人员制定如下维修方案：

（1）在室内对混凝土外墙采用高压注浆方法，封堵墙体裂缝，堵塞渗水通道。

（2）对檐沟收头翘边开裂卷材热熔后重新粘贴牢固，并采用金属条进行钉压，用改性沥青防水油膏密封，然后再次抹压预拌抹灰砂浆进行保护（处理前，在檐沟底钻孔引水，排干保温层内的积水）。

4. 维修处理过程

（1）主要材料及机具

高压注浆机、ϕ13mm 注浆嘴、T 形手动扳手、电锤、ϕ14mm 钻头、聚氨酯防水浆液、DP M20 抹灰砂浆、聚合物水泥防水砂浆、喷灯、抹刀、改性沥青防水油膏等。

（2）工艺流程

墙面渗漏位置清理→沿缝钻孔 ϕ14mm 并清孔→塞入注浆嘴并用扳手拧紧→洗缝并涂刮聚合物砂浆封缝→注浆封孔→清理基层→抹压防水砂浆→檐沟底钻孔引水→檐沟卷材收头处理→砂浆保护层施工→室内外装饰做法恢复（图 3.1−10~图 3.1−13）。

图 3.1-10　渗漏部位钻孔

图 3.1-11　注浆嘴安装

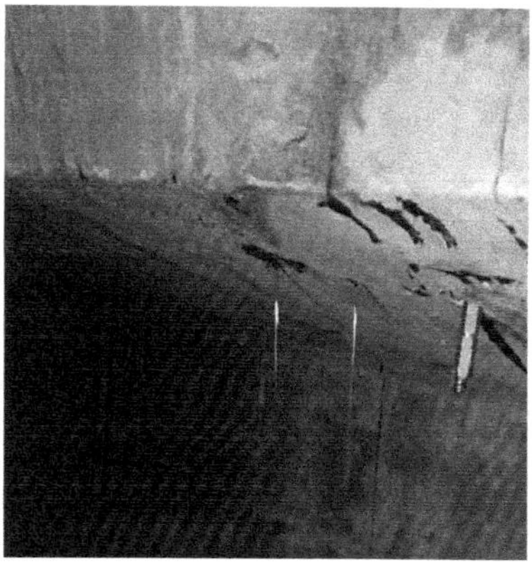

图 3.1-12　裂缝注浆施工

图 3.1-13　基层清理

5. 维修效果及成本

（1）维修效果

该渗漏处理完毕后，经过对业主的回访得知，采用此方案进行渗漏处理，后期均未再出现渗漏问题，得到了物业单位和业主的一致认可。

（2）维修成本

经统计，该小区共 3 户存在阁楼渗漏问题，渗漏部位共 4 处，维修总费用为 1340 元，具体费用明细如下：

<table>
<tr><th>费用名称</th><th>材料名称</th><th>数量</th><th>单价（元）</th><th>合计（元）</th></tr>
<tr><td>人工费</td><td>—</td><td>3 工日</td><td>220</td><td>660</td></tr>
<tr><td rowspan="4">材料费</td><td>注浆嘴</td><td>25 个</td><td>1.6</td><td>40</td></tr>
<tr><td>聚氨酯防水浆液</td><td>1 桶</td><td>280</td><td>280</td></tr>
<tr><td>聚合物水泥防水砂浆</td><td>10kg</td><td>10</td><td>100</td></tr>
<tr><td>DP M20 抹灰砂浆</td><td>3 袋</td><td>20</td><td>60</td></tr>
<tr><td>其他费用</td><td colspan="3">金属压条、水泥钉、改性沥青
防水油膏及卫生清理等</td><td>200</td></tr>
<tr><td colspan="4">合计</td><td>1340</td></tr>
</table>

6. 施工防控建议

（1）对受温差作用影响较大、胀缩变形明显的渗漏构件裂缝，一般不宜采用注浆闭缝堵漏的维修方法。

（2）卷材防水层及附加层伸入雨水口内应不小于 50mm，并采用密封材料密封或防水涂料多遍涂刷收头，避免卷材收头出现翘边、开裂，引起渗漏。

（3）屋面瓦檐沟阴阳角处铺设防水附加层，设计采用卷材防水附加层时，附加层伸入屋面的宽度不应小于 500mm。

（4）屋面瓦伸入檐沟的长度宜为 50~70mm。

（5）檐沟施工严格控制纵向坡度，一般不小于 1%，保证檐沟排水通畅，无积水现象。

3.1.3　实例03：裙房网点屋面渗漏

该住宅建筑于 2009 年 5 月开工建设，裙房为 4 层，主楼 24 层，总建筑面积 8600m^2，建筑总高度为 80m，结构类型为混凝土框架—剪力墙结构，屋面设计为平屋面，建筑构造做法依次为结构层、找坡层、找平层、保温层、找平层、防水层及细石混凝土保护层，设计防水层为 SBS 卷材防水两道。工程于 2011 年 6 月竣工。

1. 问题描述

该住宅建筑自 2014 年 7 月起，裙房网点屋面陆续开始出现渗漏现象，且渗漏点较多，室内顶棚多处出现涂料起皮脱落、墙面局部潮湿情况；经了解，该屋面陆续进行过几次局部范围内的维修，但并未彻底解决渗漏问题（图 3.1-14、图 3.1-15）。

经建设、施工单位技术人员室内外现场查勘，该渗漏主要

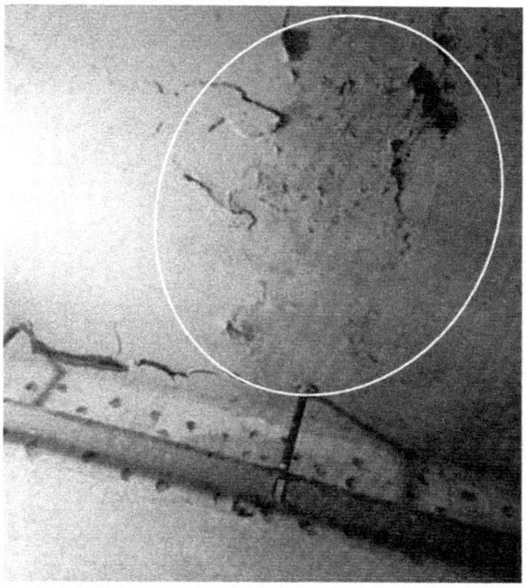

图 3.1-14　裙房顶棚涂料起皮

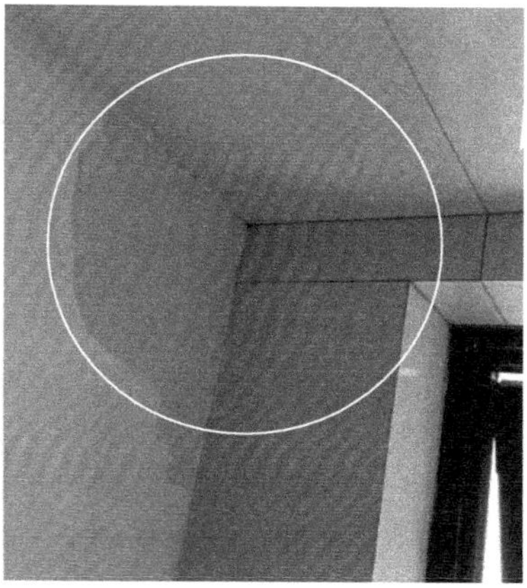

图 3.1-15　裙房墙面潮湿痕迹

发生在伸出屋面管道及部分房间顶棚区域，伸出屋面管道根部未见防水卷材收头；同时发现房屋使用过程中，业主在屋面加装了两个大型水箱，并私自在屋面打孔安装水箱管道；屋面防水保护层多处开裂且较为严重。

2. 原因分析

根据现场查勘情况，结合渗漏发生部位，技术人员对该屋面渗漏原因作出如下几点分析：

（1）业主屋面加装水箱凿穿楼板安装管道，破坏了屋面防水层，未采取有效措施对屋面防水进行补漏；伸出屋面管道根部泛水防水卷材立面高度不足，收头部位未采取金属箍紧固和密封胶封严，形成雨水下渗通道，这是造成管道根部渗漏的主要原因（图 3.1–16、图 3.1–17）。

图 3.1–16　屋面加装水箱管道破坏防水层

图 3.1–17　管道根部未见卷材收头及防水保护层开裂

（2）屋面防水层与保护层之间未设置隔离层，它们之间存在粘结力和机械咬合力，在温差和材料干缩作用影响下，细石混凝土保护层缩胀致变形导致开裂，同时“拉动”防水层产生位移，极可能造成防水层接缝处过早开裂，形成渗水通道，这是房间顶棚多处出现渗漏的主要原因。

3. 维修方案制定

根据渗漏原因分析可知，该屋面防水层已经多点失效，而且可能存在卷材内部“蹿水”问题,若对防水层进行局部维修，很难达到预期效果。为彻底解决渗漏问题，技术人员采用在原屋面上重新铺设防水卷材的维修方案。

4. 维修处理过程

（1）主要材料及机具

4mm 厚 SBS 防水卷材、C20 细石混凝土、ϕ4@100 双向抗裂钢筋网、DP M15 抹灰砂浆、PVC 管、挤塑聚苯保温板、冷底子油基层处理剂、塑料膜、切割机、电镐、电钻、锤子、凿子、毛刷、滚刷、抹刀、磨光机等。

（2）工艺流程

设沟槽及通气管排除保温层内滞留雨水→屋面原防水保护层清理并找补抹平→管道及女儿墙根部抹灰形成圆弧→基层涂刷界面剂→防水卷材铺贴→防水保护层施工。

具体维修过程：

①将业主放在屋面的杂物、水箱等清理干净。

②沿屋面东西向、南北向各剔凿一条沟槽，槽宽 30cm、

深度至结构板（图 3.1-18）。

③在渗漏较大的公共部位结构板底打孔排水。

④沟槽放置一段时间，自然排空内积水。

⑤沟槽底采用 DPM15 抹灰砂浆找补，放入 ϕ75 的 PVC 管，PVC 管周边打孔并缠绕密目网，按不大于 6m 间距设竖向排气管。

⑥沟槽内补贴屋面保温层，上部采用 C20 细石混凝土随打随抹至原防水保护层顶，并找平、压光（图 3.1-19）。

⑦清理干净原防水保护层，将起砂酥松部位凿除后采用 DP M15 抹灰补平，管道与女儿墙等根部抹灰形成半径不小于 50mm 的圆弧。

⑧涂刷界面处理剂，管道、女儿墙、出屋面外墙泛水处和新凿沟槽顶部铺贴 4mm 厚 SBS 防水卷材防水附加层后再进行大面防水层施工（图 3.1-20、图 3.1-21），管道及女儿墙等泛

图3.1-18　采用沟槽排水

图3.1-19　槽底抹灰找平处理

图3.1-20　屋面及女儿墙防水层施工

图3.1-21　屋面防水层施工

水处立面卷材高度不小于 250mm，收头用金属条钉压防水密封膏封严。

⑨屋面进行 24h 蓄水实验，无渗漏后进行下道工序施工。

⑩塑料膜隔离层施工。

编者注：规范规定当保护层为细石混凝土时宜采用低强度等级砂浆做隔离层。

⑪50mm 厚 C20 细石混凝土防水保护层施工（中部设置 ϕ4@100 双向抗裂钢筋网，管道泛水卷材周围支套模板或模壳浇筑细石混凝土保护层），设置 3m × 3m 分格缝（抗裂钢筋网切割断开），填塞聚乙烯泡沫棒，嵌填改性沥青防水油膏（图 3.1-22）。

图3.1-22　屋面维修效果

⑫ 对板底排水孔使用堵漏剂堵塞，恢复室内饰面层。

5. 维修效果及成本

（1）维修效果

维修处理完成后，经 24h 蓄水试验，不渗不漏，经后期回访得知，该屋面再未出现渗漏问题。

（2）维修成本

经统计，该屋面渗漏维修总费用为 83714 元，具体费用明细如下：

费用名称	材料名称	数量	单价（元）	合计（元）
人工费	—	50 工日	220	11000
材料费	C20 细石混凝土	$35m^3$	450	15750
	DP M15 抹灰砂浆	50 袋	40	2000
	ϕ4@100 双向钢筋网片	$640m^2$	8	5120
	PVC 管	60m	9	540
	SBS 防水卷材	$800m^2$	55	44000
	耐碱玻纤网格布	$2m^2$	2	4
	挤塑聚苯保温板	$20m^2$	20	400
吊车租赁	—			4200
其他费用	金属压条、水泥钉、改性沥青防水油膏、塑料膜及卫生清理等			700
合计				83714

6. 施工防控建议

（1）屋面防水层建议采用卷材涂膜复合防水层，并保证防水卷材与涂膜具有相容性。

（2）屋面设施基座与结构相连时，防水层应包裹设施基座的上部，设施基座的预埋地脚螺栓周围必须做密封处理，防止地脚螺栓周围发生渗漏。

（3）屋面设施基座直接放置在防水层保护层上时，设施基座下部应增设防水附加层，并在其上浇筑不小于 50mm 厚的细石混凝土。

（4）屋面防水卷材施工时，搭接缝宽度应符合规范规定，搭接缝粘贴应严密牢固；管根、女儿墙泛水处应设附加层，收头部位距屋面防水层不宜小于 250mm；管道处卷材收头应用镀锌金属箍固紧扎牢，且用密封材料严密封口。

（5）采用细石混凝土做保护层时应设置分格缝，纵横间距不宜大于 4m，建议采用 3m × 3m，分格缝宽度宜为 10~20mm，深度应至隔离层（抗裂钢筋网在分格缝处应断开），并采用背衬材料和密封材料嵌填。

（6）对卷材防水屋面进行局部维修时，新加卷材与原有卷材接缝宽度不得小于 100mm。

3.1.4　实例04：屋面采光井侧墙渗漏

该住宅建筑于 2015 年 12 月开工建设，地下 1 层，地上 8 层，设计层高 2.9m，建筑总高度为 26.85m，总建筑面积为 5720.86m^2，主体为混凝土框架—剪力墙结构，筏板基础，内墙采用 WM M5 湿拌砂浆砌筑 A3.5 加气混凝土砌块，WP M15 湿拌砂浆墙面抹灰，顶层梯间上部设计有采光井，屋面防水采用 SBS 防水卷材，内墙面装饰采用涂刷乳胶漆和粘贴壁纸，精装修交付。工程竣工时间为 2017 年 5 月。

1. 问题描述

渗漏发生时间为 2018 年 7 月，正值雨季连续多天下雨。根据用户反映和现场走访，渗漏位置出现在顶层出屋面采光井楼梯间侧墙顶部。经现场观察，内墙渗漏部位发生腻子发霉变色（图 3.1−23），墙面局部乳胶漆脱落（图 3.1−24）；采光井外部窗框周围打胶起皮，真石漆窗台倒坡。在采光井下部上翻梁处，发现有管道通过。经了解，为业主装修改造时在此部位进行结构开洞增设的卫生间排气管道。

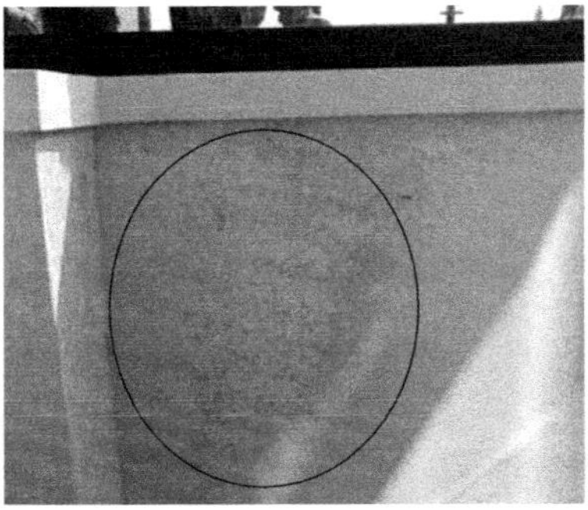

图3.1−23　腻子发霉变色

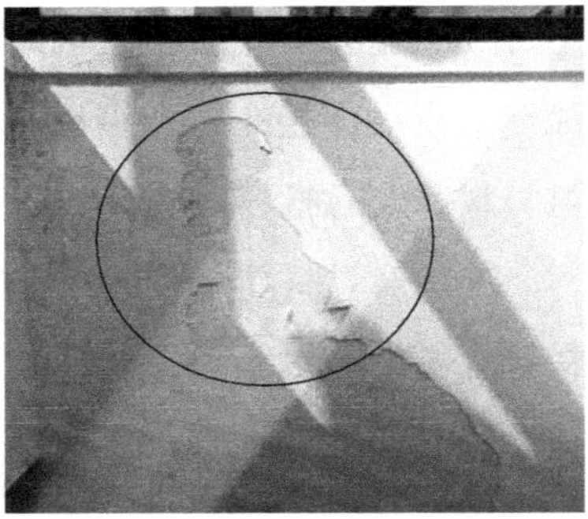

图3.1−24　墙面乳胶漆脱落

2. 原因分析

针对该渗漏出现的部位，结合了解到的住宅使用情况，技术人员作出如下原因分析：

（1）后期进行结构开洞增设卫生间排气管道，破坏原有屋面防水层，且未采取相关补救措施，连续降水使少量雨水沿管道周围渗水通道渗漏至房间内，导致内墙面腻子发霉，乳胶漆脱落，这是导致该渗漏的主要原因。

（2）经现场破坏性检查，发现结构开洞时，用于固定水钻的膨胀螺栓穿过防水层未进行任何补救处理，雨水顺倒坡窗台通过窗框与保温之间开裂的胶缝进入保温层内，穿过破坏的卷材进入室内，这是导致该渗漏的另外一个原因。

3. 维修方案制定

根据上述主要原因分析，结合该工程业主自行改造的实际情况，制定如下维修方案：

（1）针对结构开洞和固定膨胀螺栓对基层的破坏，采用堵漏速凝材料进行嵌堵。

（2）对破坏的防水层进行补漏，注意基层清理、与原防水层搭接宽度及管道处卷材收头做法。

（3）清理屋面泛水处卷材收头，采用钉压固定，并用改性沥青防水油膏封严，最后对外墙保温层、真石漆饰面层及外窗密封胶进行恢复，注意窗台坡度不宜小于 5%。

（4）采光井内侧墙面按原设计做法予以恢复。

4. 维修处理过程

（1）主要材料及机具

堵漏剂、SBS 防水卷材、玻化微珠保温砂浆、耐碱玻纤网格布、中性硅酮耐候胶、真石漆、乳胶漆、壁纸、切割机、锤子、凿子、喷灯、空压机、喷枪、抹刀、毛刷、滚刷、壁纸刀等。

（2）工艺流程

对屋面发生渗漏部位进行切割→剔除真石漆饰面层和保温构造层→采用堵漏剂对螺栓孔洞及管道周围进行嵌填补漏→铺贴 SBS 防水卷材一道→涂刷界面砂浆→涂抹玻化微珠保温砂浆→刮压抹面砂浆内加耐碱玻纤网格布→涂刮外墙防水腻子→外窗框与保温层间施打中性硅酮耐候胶→喷涂底漆、真石漆和罩面漆→内墙面装饰做法恢复（图 3.1–25~ 图 3.1–31）。

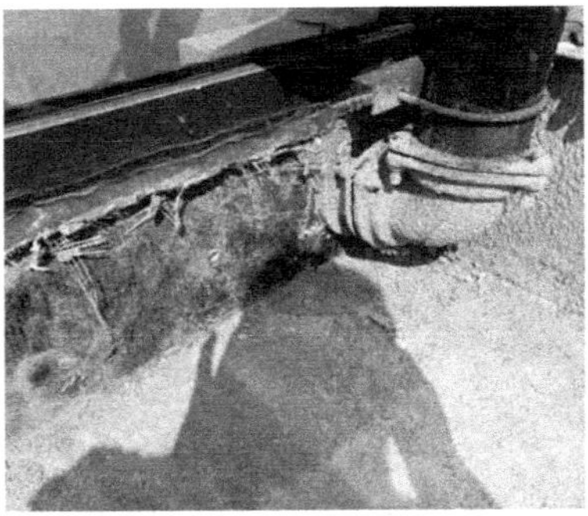
图3.1–25　剔除外保温各构造层

图3.1–26　检查防水卷材破坏情况

图3.1–27　堵漏剂封堵

图3.1–28　补贴防水卷材

图3.1-29　玻化微珠保温砂浆施工

图3.1-30　外保温饰面层恢复

5. 维修效果及成本

（1）维修效果

该渗漏处理完毕 1 年后，经过对业主的回访得知，采用此方案处理的屋面采光井侧墙，后期均未再出现渗漏问题。

图3.1-31　室内墙面饰面层恢复

（2）维修成本

经统计，该处渗漏问题维修总费用为 2068 元，具体费用明细如下：

费用名称	材料名称	数量	单价（元）	合计（元）
人工费	—	4 工日	220	880
材料费	堵漏剂	1 箱	75	75
	SBS 防水卷材	1 卷	180	180
	玻化微珠保温砂浆	1 袋	70	70
	乳胶漆	1 桶	388	388
	真石漆	1 桶	175	175

续表

费用名称	材料名称	数量	单价（元）	合计（元）
其他费用	壁纸、界面砂浆、耐碱玻纤网格布、中性硅酮耐候胶及卫生清理等			300
合计				2068

6. 施工防控建议

（1）对柔性防水层渗漏进行维修时，首先应将基层和原有防水层清理干净，并喷涂基层处理剂，保证防水层粘结牢固；新旧防水层应确保搭接严密，搭接宽度应符合要求。一般卷材防水层和涂膜防水层新旧搭接宽度均不小于100mm。

（2）屋面防水卷材在管道处的收头应采用金属箍紧固并嵌填密封材料的做法。

（3）对基层变形开裂引起的柔性防水层渗漏，在进行维修处理时，宜在基层开裂处先空铺一层卷材，再铺修补防水层，以保证柔性防水层适应基层变形要求。

（4）做好外墙保温饰面层防水施工，一是防止外墙产生渗漏，二是防止保温层吸水后导热系数变化，影响外墙保温效果。

3.2　卫生间渗漏维修

3.2.1　实例01：卫生间地漏管道根部渗漏

该住宅建筑于2016年5月开工建设，地下2层，地上22层，建筑面积 13387.9m^2，总高度为 73.4m，层高为 2.9m，结构类型为混凝土剪力墙结构。卫生间地面设计降板 40mm，防水做法为 1.5mm 厚聚氨酯防水涂料，防水层沿墙面上翻高于地面饰面层 200mm，涂刷三遍完成。竣工时间为 2017 年 12 月，毛坯交付。

1. 问题描述

渗漏发生于 2018 年 4 月，该住宅一单元 903 户业主向小区物业反映卫生间渗漏问题。在接到业主投诉后，物业公司组织工程建设、施工等相关单位技术人员赴现场查勘。根据现场观察，渗漏主要出现在卫生间地漏管道根部，以根部为中心半径约 50cm 范围内出现潮湿、返碱，未见流痕（图 3.2-1）。

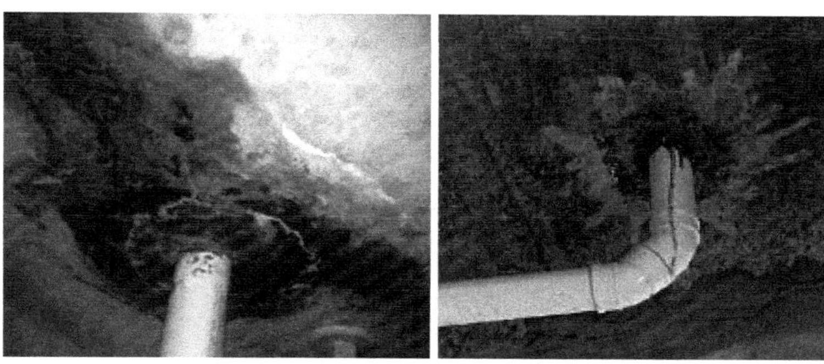

图3.2-1　地漏管道周围渗漏

2. 原因分析

针对该渗漏出现的部位，结合渗漏产生机理，技术人员作出如下原因分析：

（1）地面防水层在地漏周围不连续、不严密，形成渗水通道，导致外部水源透过地漏外壁向下渗漏，这是造成该渗漏的主要原因。

（2）地漏排水管预留洞口浇筑细石混凝土前，未对原混凝土进行凿毛和涂刷界面剂，新浇筑混凝土振捣不密实，混凝土未添加适量膨胀剂，保湿养护不到位，施工缺陷导致混凝土开裂而产生渗水通道，这是造成此次渗漏的次要原因。

3. 维修方案制定

根据上述原因分析，结合现场实际情况，维修工作拟采取完善地漏周边细部防水，重新补做地漏周边防水层的方案。

4. 维修处理过程

（1）主要材料及机具

聚氨酯防水涂料、堵漏剂、饰面砖胶粘剂、饰面砖、锤子、凿子、毛刷、刮板、抹刀、饰面砖切割机、塑料锤、海绵等。

（2）具体维修过程（图 3.2-2~ 图 3.2-7）

图 3.2-2 饰面砖剔除

图 3.2-3 基层清理

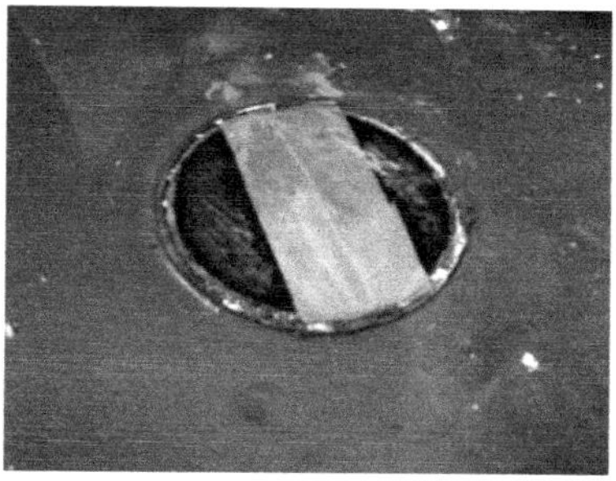

图 3.2-4　聚氨酯防水涂料涂刷

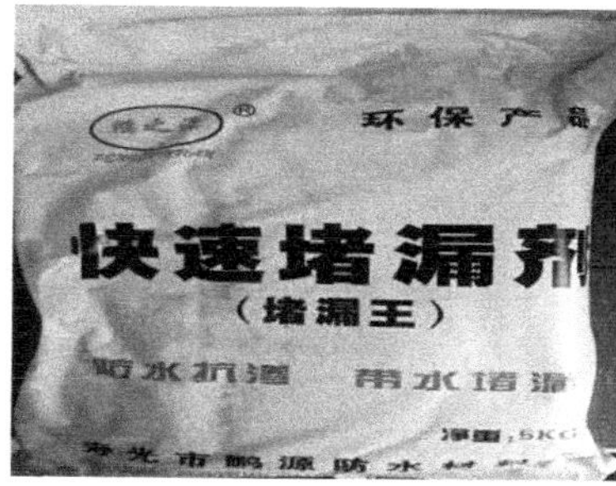

图 3.2-5　堵漏剂

图 3.2-6　蓄水试验

图 3.2-7　堵漏剂填塞

①使用锤子、凿子将地漏所在位置周边饰面砖仔细凿除并凿至原防水层，地漏周边剔凹槽至结构层。

②用毛刷、清水将基层杂物清理干净，用堵漏剂将地漏周边凹槽填塞密实。清理及填塞地漏周边时应仔细小心，尽可能少损坏原聚氨酯防水层。

③干燥后涂刷聚氨酯防水涂料涂刷三遍，总厚度不低于 1.5mm，地漏碗口内部及周边涂料应连续严密，并与原聚氨酯防水层有效搭接。

④处理后进行 24h 蓄水试验，确保不渗不漏。

⑤使用堵漏剂再次涂抹，进一步增强维修效果的可靠性。

⑥做二次蓄水试验，不渗不漏后粘贴饰面砖，恢复原装饰层做法。

5. 维修效果及成本

（1）维修效果

该渗漏问题维修完毕 1 年后，经过对业主回访得知，此处后期未再出现渗漏，得到了物业单位和业主的一致认可。

（2）维修成本

经统计，该处渗漏问题维修的总费用为 1165 元，具体费用明细如下：

费用名称	材料名称	数量	单价（元）	合计（元）
人工费	—	3 工日	220	660
材料费	堵漏剂	1 箱	75	75
	聚氨酯防水涂料	1 桶	240	240
	饰面砖	5 片	10	50
	饰面砖胶粘剂	1 袋	40	40
其他费用	成品保护费			100
合计				1165

6. 施工防控建议

（1）地漏周边地面防水层涂刷应严密、连续（注意：地面防水层施工前应先在地漏周边做防水附加层），最好在地漏碗口内侧收头，从源头处切断卫生间排水由此渗入楼板的通道。

（2）地漏外边缘与地面之间留 20~30mm 宽凹槽，施工时先在槽内嵌填遇水膨胀止水条等密封止水材料，再用快速堵漏材料将凹槽嵌填严密后涂刷地面防水附加层和防水层。

（3）卫生间地面坡度应不小于 1%；排水立管周围 50~80mm 范围坡向地漏的坡度为 5%；地漏边向外 50mm 范围内坡度为 3%~5%，地漏顶面应低于地砖面层 5mm，确保地面积水能够及时通过地漏排出。

（4）卫生间排水管道穿楼板处应优先采用预埋止水节方式，延长上部水源渗水通道长度，达到防渗防漏目的，如采用预埋普通套管方式，套管上口应高出地面饰面层 50mm 以上。

（5）排水管预留洞口后期封堵应优先采用较楼板混凝土高一强度等级的细石混凝土（内掺 5% 膨胀剂，保湿养护不宜少于 14d），建议采用定型化可多次利用的卡具支模，并分两次进行浇筑，确保混凝土浇筑密实。

（6）防水层施工及蓄水试验完成后，应及时进行防水保护层施工。

3.2.2　实例02：卫生间过门石部位渗漏

该住宅项目共包含 7 个单体楼座，每个楼座建筑总高度为 21m，层高为 3m，共 6 层，总建筑面积为 37700m^2，结构类型为混凝土框架结构。卫生间采用聚氨酯涂料二道防水层做法，其中原土建单位施工一道防水层，装饰装修单位进场后进行二次防水处理，每道厚度为 1.5mm，均为单组分聚氨酯防水涂料；卫生间地面饰面砖铺贴低于过门石地面 20mm。该项目为精装修交付，竣工时间为 2017 年 1 月。

1. 问题描述

渗漏发生时间为 2018 年 10 月，渗漏发生部位为 3 层卫生间门口过门石外侧踢脚线上方墙体。该处部分墙体出现潮湿痕迹，同时墙面涂料出现起皮现象（图 3.2-8）。

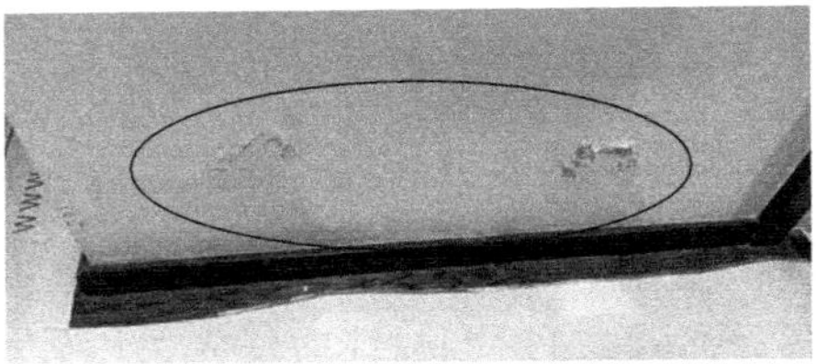

图 3.2-8 墙体涂料起皮

2. 原因分析

针对渗漏出现的部位及渗漏状况，现场检查人员对渗漏原因作出如下分析：

施工单位将过门石拆除并清除粘结砂浆后，发现防水层完好无损且未被破坏，但发现有少量水存在。据了解，该卫生间完成饰面砖铺贴及美缝后做过二次蓄水，蓄水高度按照规范不小于 20mm 控制。过门石粘结层不饱满、不密实，卫生间进行二次蓄水时，水通过过门石侧缝进入粘结砂浆缝隙渗漏至卫生间门口外侧地面及墙面，这是渗漏产生的主要原因。

3. 维修方案制定

根据上述原因分析，结合该住宅实际情况，拟采取重做过门石砂浆粘结层，粘结层内设暗挡水坎台并补刷防水层的维修方案（图 3.2-9）。

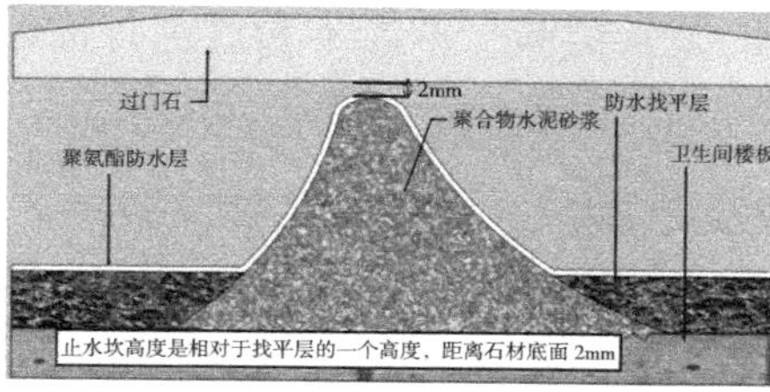

图 3.2-9　设置挡水坎台示意图

4. 维修处理过程

（1）主要材料及机具

饰面砖、过门石、聚氨酯防水涂料、瓷砖用胶粘剂、聚合物水泥砂浆、腻子、乳胶漆、锤子、凿子、刮板等。

（2）具体维修过程

①拆除过门石及过门石邻近一排饰面砖，清理过门石和饰面砖原粘结层，在过门石下设置聚合物水泥砂浆暗挡水坎台，并采用聚氨酯防水涂料在该部位补做防水层，保证新做防水层与原卫生间防水层搭接宽度不小于 100mm。

②挡水坎台防水层施工完成后，采用聚合物水泥砂浆满铺方式重新安装过门石，并在其内侧砂浆铺贴层处增加一道防水层（图 3.2-10）。

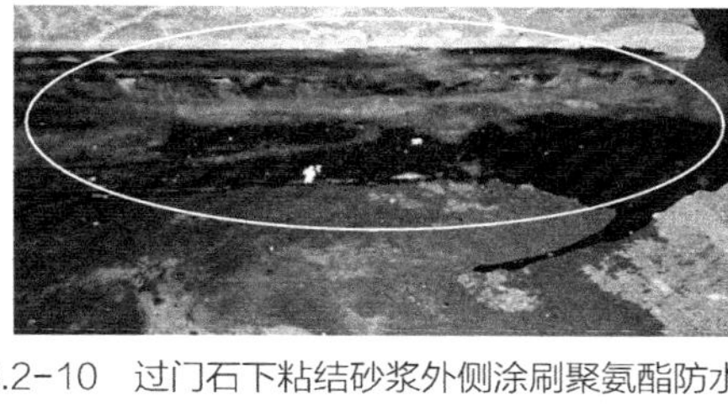

图3.2-10　过门石下粘结砂浆外侧涂刷聚氨酯防水涂料

③进行 24h 蓄水试验，不渗不漏后进行饰面砖及内墙面恢复。

5. 维修效果及成本

（1）维修效果

施工完毕后再次进行蓄水试验，蓄水 24h 后经过几天的连续观察，卫生间过门石两侧墙体均未再发生潮湿等情况，达到预定的效果。后经回访，该处未再发生渗漏问题。

（2）维修成本

经统计，此处过门石渗漏问题的维修总费用为 650 元，具体费用明细如下：

费用名称	材料名称	数量	单价（元）	合计（元）
人工费	—	1 工日	220	220
材料费	过门石	$0.24m^2$	360	约 86
	聚氨酯防水涂料	1 桶	50	50
	饰面砖	3 块	8	24
	腻子	1 袋	40	40
	乳胶漆	1 桶	120	120
	瓷砖用胶粘剂	1 袋	40	40
其他费用	聚合物水泥砂浆、卫生清理等	—	70	70
合计				650

6. 施工防控建议

（1）为保证防水效果，建议先于卫生间大面地砖铺贴前进行过门石安装，且应采用实贴满铺方式，过门石粘贴铺装完成后，在粘贴砂浆外侧做二次防水处理，防止卫生间地面水通过过门石下部渗水通道向外渗漏。

（2）过门石下方防水找平层宜做挡水暗坎，并涂刷防水层（可与卫生间防水层同时施工），阻断卫生间水通过过门石粘结层向外渗水的通道。卫生间地面防水层应外延门口 500mm，门口两侧外延 200mm，墙面高出地面饰面层 200mm，做好少量水分通过过门石渗透至门外后的防水防潮工作。

（3）卫生间地面饰面砖铺贴后坡度应不小于 1%，地漏边向外 50mm 范围内坡度为 3%~5%，确保地面水能够及时顺畅地通过地漏排出，降低地面渗漏风险。

3.2.3　实例03：卫生间洗手盆排水管道根部渗漏

该住宅建筑于 2015 年 8 月开工建设，地下 1 层，地上 10 层，层高 2.9m，建筑面积 7110.74m^2，总高度 29.8m，为现浇混凝土剪力墙结构，地基为天然地基，基础为筏板结构，室内墙面为普通涂料饰面，卫生间地面防水层采用聚氨酯防水涂料。工程竣工时间为 2017 年 7 月。

1. 问题描述

渗漏发生时间在 2017 年 10 月，小区一户业主在装修期间发现卫生间洗手盆排水管位置出现渗漏。根据物业、建设、施工等相关单位技术人员现场查勘，发现渗漏发生在上户卫生间洗手盆排水管道穿楼板根部周围，此处存在明显的水渍潮湿痕迹（图 3.2-11、图 3.2-12）；上户室内尚未进行精装修施工。

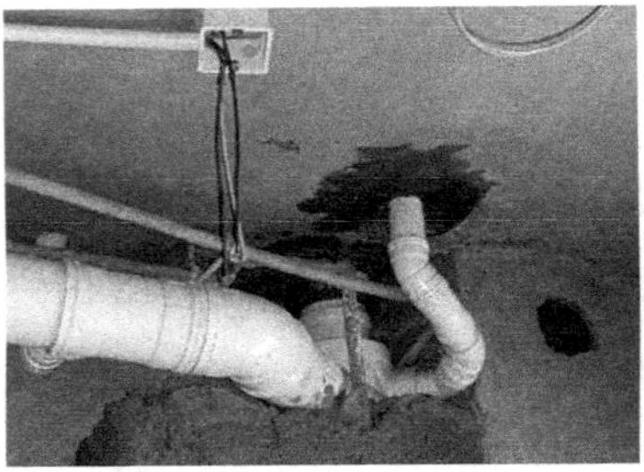
图3.2-11　卫生间管根渗漏远观图

图3.2-12　卫生间管根渗漏近观图

2. 原因分析

（1）该住宅管道根部渗漏痕迹明显，说明卫生间地面防水层局部已经失效。经过对上户卫生间地面渗漏部位进行破坏性检查发现，该部位存在地面防水层涂刷不到位的问题，在管道周边未见防水层收头，可断定防水层与管道之间存在渗水通道，此为该渗漏产生的主要原因。

（2）经现场施工人员回忆，工人对管道预留洞口进行细石混凝土填塞时，为方便施工使用铁丝吊装模板，在防水施工前顶部铁丝未及时清除到位，形成渗水通道。

（3）预留洞填塞细石混凝土前未对洞口周边原混凝土界面进行凿毛处理，采用混凝土坍落度大且浇捣一次性完成，未进行有效保湿养护，混凝土收缩开裂形成渗水通道。

（4）卫生间管道周边地面未按规范要求找坡，局部存水，排水不畅，此应为该渗漏产生的另一个原因。

3. 维修方案制定

根据上述原因分析，结合该工程实际情况，对渗漏部位上层住户卫生间地面防水层水泥砂浆保护层进行局部剔凿清除，管道根部采用堵漏剂封堵，并采用涂刷聚氨酯防水涂料重做防水层的方案进行处理。

4. 维修处理过程

（1）主要材料及机具

锤子、凿子、毛刷、刮板、抹刀、透明胶带、堵漏剂、聚氨酯防水材料等。

（2）工艺流程

管口封堵保护→管根水泥砂浆剔除→基层处理→堵漏剂封堵→聚氨酯防水涂料涂刷→蓄水检验→卫生清理（图 3.2-13~图 3.2-16）。

5. 维修效果及成本

（1）维修效果

经回访得知，该渗漏处理完毕后未再出现渗漏现象，得到了物业单位和业主的一致认可。

图3.2-13　管口保护

图3.2-14　混凝土剔除及基层处理

图3.2-15　管根周围堵漏剂封堵

图3.2-16　重新涂刷防水涂料

（2）维修成本

经统计，该小区仅 1 户存在卫生间管根渗漏，维修费用 240 元，具体费用明细如下：

费用名称	材料名称	数量	单价（元）	合计（元）
人工费	—	0.5 工日	220	110
材料费	胶带	1 卷	2	2
	堵漏剂	6kg	20	120
	聚氨酯防水涂料	2kg	4	8
合计				240

6. 施工防控建议

（1）管道地面预留洞混凝土嵌填封堵建议采用定型化可多次利用的卡管道支模。宜采用干硬性混凝土且提高一个强度等级内掺微膨胀剂（保湿养护不宜少于 14d）。浇筑混凝土应做好洞口凿毛、界面剂涂刷、分层浇捣等工作。

（2）管道与地面找平层之间留置 20~30mm 宽凹槽，用快速堵漏材料嵌填严密后涂刷防水层。

（3）卫生间地面管道周围、地漏周围、四周墙面阴阳角应做圆弧，并在上述部位先做防水附加层（涂膜防水加贴胎体增强材料），后做防水层，其厚度要达到设计要求。防水层应沿墙面上翻高出地面饰面层 200mm 以上，沿出地面管道上翻高出饰面层 50mm 以上；防水层涂刷结束后，应做蓄水试验，并做好成品保护工作。

（4）卫生间防水在工程竣工前，应再次进行蓄水试验，蓄水时间不少于 24h，蓄水高度不小于 20mm，并做好文字记录。

3.2.4　实例04：卫生间门口墙体根部渗漏

该住宅建筑于 2012 年 4 月开工建设，地下 2 层，地上 28 层，设计层高为 2.8m，建筑面积 16800m^2，结构类型为混凝土框架—剪力墙结构，建筑总高度为 80m。该住宅卫生间地面防水采用 1.5mm 厚聚氨酯防水涂料，粘贴 300mm × 300mm 饰面砖，采用成品木质门。填充墙采用 DM M5 预拌砂浆砌筑 A3.5 加气混凝土砌块，DP M15 预拌砂浆墙面抹灰，内墙饰面为腻子乳胶漆罩面。工程竣工时间为 2014 年 9 月，精装修交付。

1. 问题描述

卫生间渗漏发生时间为 2018 年 11 月。根据现场观察，卫生间地面干燥未发现存水情况；卫生间门口两侧外墙面，自根部向上出现潮湿、涂料和腻子层起皮脱落、抹灰层局部外露等情况；卫生间木制门套因受潮出现发霉、变黑等现象（图 3.2-17、图 3.2-18）。

图3.2-17　墙面涂料起皮脱落

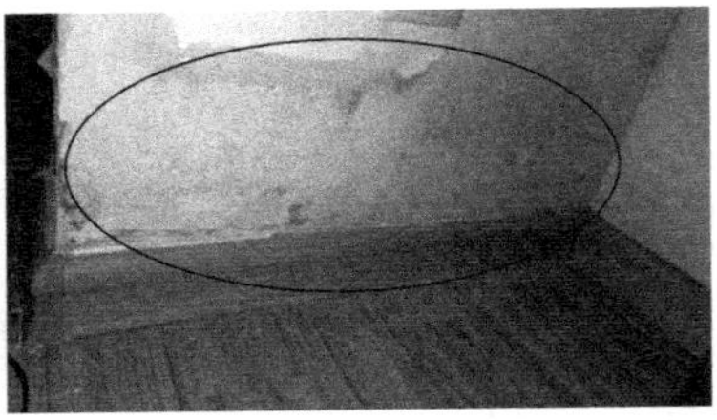

图3.2-18　墙面局部出现潮湿

2. 原因分析

根据卫生间门口的渗漏状况，施工单位将门口内侧饰面砖凿除并进行清理后观察，发现该渗漏发生的原因是：

（1）卫生间过门石粘结砂浆不密实存在渗水通道，卫生间积水通过石材下的粘结砂浆层渗透到卫生间外侧，这是引起该渗漏主要原因。

（2）卫生间木制门套接触到地面和侧墙面，卫生间地面积水顺着木制品的毛细孔向上渗透，使木制门套发霉变黑，这是木门套受潮变黑的主要原因。

3. 维修方案制定

根据渗漏原因分析，该渗漏维修的关键是阻断过门石粘结砂浆内部的渗水通道，重新对门套底部墙面进行防水处理，木门套底部及周围涂刷环氧树脂胶等憎水措施，阻断地面水沿木门向上渗透的通道。

4. 维修处理过程

（1）主要材料及机具

聚氨酯防水涂料、堵漏剂、DP M15 预拌砂浆、腻子、乳胶漆、环氧树脂胶、成品木门套、切割机、锤子、凿子、毛刷、刮板、抹刀、塑料锤等。

（2）工艺流程

①切割卫生间地砖→手工凿除并清理饰面砖及粘结层（注意：不能损坏防水层）→过门石内侧堵漏剂堵塞并涂刷聚氨酯防水涂料→ 24h 蓄水检验→饰面砖粘贴→墙面清理→ DP M15 预拌砂浆抹面→内墙腻子乳胶漆施工。

②拆除受损木门套→木门套靠墙一侧墙体部位加做防水层→新门套底部涂刷环氧树脂胶→安装新门套。

5. 维修效果及成本

（1）维修效果

该渗漏处理完毕 3 个月后，经过对业主的回访得知，墙面未再出现水渍、潮湿现象，得到了物业单位和业主的一致认可（图 3.2-19、图 3.2-20）。

图3.2-19　渗漏处理后蓄水试验

图 3.2-20　腻子乳胶漆处理效果

（2）维修成本

经统计，该小区共 9 户存在户内渗漏现象，维修总费用为 1633 元，具体费用明细如下：

费用名称	材料名称	数量	单价（元）	合计（元）
人工费	—	3 工日	220	660
材料费	聚氨酯防水涂料	1 桶	320	320
	堵漏剂	1 袋	25	25
	DP M15 预拌砂浆	1 袋	40	40
	地砖	3 块	6	18
	成品门套	1 套	400	400
	环氧树脂胶	1 桶	70	70
其他费用	室内恢复及卫生清理	—	100	100
合计				1633

6. 施工防控建议

（1）卫生间地面防水涂料施工时应先做底涂，在管根、地漏、阴阳角、过门石内侧等容易受力变形的薄弱部位不得漏涂防水附加层，并应仔细涂刷保证均匀。聚氨酯防水涂料附加层涂刷厚度不宜小于 1.5mm。

（2）木质门套的安装应做好防潮防腐的处理。如条件允许将过门石两端各加长 50mm，在门洞处做凹槽，避免门套直接接触卫生间地面。

（3）卫生间地面防水施工前，建议在门洞口底部做暗挡水台，阻挡卫生间积水通过过门石铺贴层外渗。

3.2.5　实例05：卫生间排水主管道根部渗漏

该住宅建筑于 2017 年 11 月开工建设，地下 2 层，地上 18 层，层高 2.95m，建筑总面积 9630m^2，主体结构形式为现浇剪力墙结构，基础形式为旋挖钻孔灌注桩筏板基础，地基持力层为中风化泥岩。该住宅建筑采用下沉式卫生间设计，现浇楼板预留圆形管道施工洞，沉箱底至地面饰面层以上 200mm 涂刷聚氨酯防水涂料两遍。该工程竣工时间为 2019 年 9 月。

1. 问题描述

渗漏发生时间为 2019 年 12 月。根据现场了解和观察，该小区多户卫生间出现渗漏情况，渗漏主要发生在排水主立管穿楼板根部周围，混凝土出现明显开裂情况，渗漏程度轻重不一，个别出现滴水现象（图 3.2-21、图 3.2-22）。

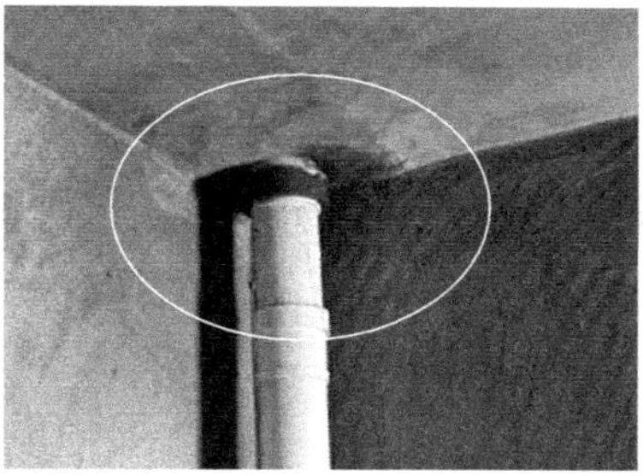

图3.2-21　管根轻微潮湿

图 3.2-22　管根渗漏出现滴水

2. 原因分析

针对该渗漏出现的部位，结合工程施工实际情况，技术人员对该渗漏作出如下分析：

（1）该住宅为下沉式卫生间，经现场技术人员回忆，沉箱防水层施工及蓄水试验完成后未及时做好防水保护，导致后期在陶粒回填施工过程中（施工人员踩踏）防水层遭到破坏，造成卫生间地面防水层失效，这是引起该渗漏的主要原因。

（2）管道根部楼板预留洞混凝土嵌填前未进行凿毛和涂刷界面剂，新旧混凝土结合不严密，后浇混凝土未分层浇筑，填孔混凝土坍落度较大，未采用补偿收缩细石混凝土，保湿养护不到位因干缩作用引起开裂，以上施工缺陷都能形成渗水通道。

3. 维修方案制定

根据上述渗漏原因分析，结合卫生间尚未进行精装修的实际情况，技术人员采取在现有卫生间地面新做防水层和对管道根部开裂不密实混凝土进行高压注浆两个途径进行渗漏维修的方案。

4. 维修处理过程

（1）主要材料及机具

聚氨酯注浆料、聚氨酯防水涂料、冲击钻、高压注浆机、注浆嘴、ϕ14mm 钻头、抹刀、毛刷、刮板等。

（2）工艺流程

钻孔引水→管根渗漏部位清理→斜穿裂缝钻孔并清孔（钻孔间距为 200mm 左右，深度小于 1/2 结构板厚，与管道外侧最近直线距离不小于 100mm）→埋设注浆嘴并拧紧→洗缝并清理板面→涂刮聚合物水泥防水砂浆封缝→注浆→清除注浆嘴→聚合物水泥防水砂浆封孔并分层抹压找平→卫生间地面清理找平→管根及墙根留置圆弧→涂刷聚氨酯防水涂料附加层（注意新旧防水层搭接长度及管道和地漏处防水收头做法）→涂刷聚氨酯防水涂料防水层两遍→蓄水试验（图 3.2-23~图 3.2-26）。

图 3.2-23　钻孔注浆

图 3.2-24　砂浆找平抹面

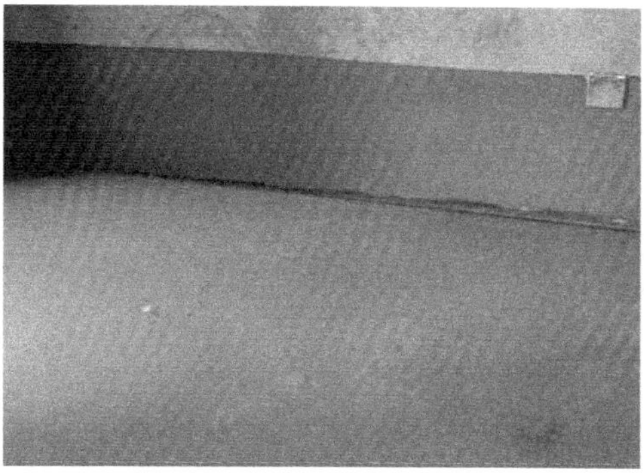

图 3.2-25　蓄水试验

图 3.2-26　渗漏处理后效果

5. 维修效果及成本

（1）维修效果

该渗漏处理完毕后试水两周，均未再出现渗漏现象。

（2）维修成本

经统计，该小区共有 6 户卫生间出现管道根部漏水情况，维修总费用为 3280 元，具体费用明细如下：

费用名称	材料名称	数量	单价（元）	合计（元）
人工费	—	3 工日	220	660
施工及材料费	钻孔	48 个	10	480
	堵漏剂	5 袋	20	100
	注浆（含注浆嘴及注浆料）	48 处	30	1440
	聚氨酯防水涂料	2 桶	300	600
合计				3280

6. 施工防控建议

（1）卫生间管道安装施工时，楼板优先选用预埋止水节，延长渗水通道，减少管道根部渗漏现象的发生。

（2）对于下沉式卫生间地面防水，建议分别在沉箱结构板面上和地面饰面层下各做一道防水层，防水层应高出地面饰面层完成面 200mm 以上并满足设计要求。

（3）下沉式卫生间填充层应采用轻质吸水率低的材料。当沉箱采用回填轻质陶粒施工时，应提前做好防水保护层，并建议在沉箱底部设置侧排水地漏。

3.3　外墙（窗）渗漏维修

3.3.1　实例01：西户山墙渗漏

该住宅建筑于 2013 年 6 月开工建设，1~3 层为商业网点，4~31 层为住宅，主楼檐口高度为 98.75m，设计层高为 2.95m，建筑总面积为 66314.3m^2，分为 1 号楼、2 号楼两个单体工程；外墙保温做法为 B$_1$ 级 EPS 模塑聚苯保温板加真石漆饰面层；内墙采用 DM M5 预拌砂浆砌筑 A3.5 加气混凝土砌块，DP M15 预拌砂浆墙面抹灰，内墙饰面为腻子涂料罩面。工程竣工时间为 2016 年 8 月。

1. 问题描述

渗漏发生时间为 2017 年 6 月。根据现场观察，渗漏主要出现在房间西山墙面的上方，有明显的圆形水渍痕迹（图 3.3-1）。该住户位于该楼座顶层，从屋面女儿墙检查看，未发现外墙及女儿墙保温饰面层破损、开裂情况，但避雷线支架根部未打胶，与保温饰面层间存在明显裂隙。

2. 原因分析

针对渗漏发生的部位、表现状态，技术人员作出如下原因分析：

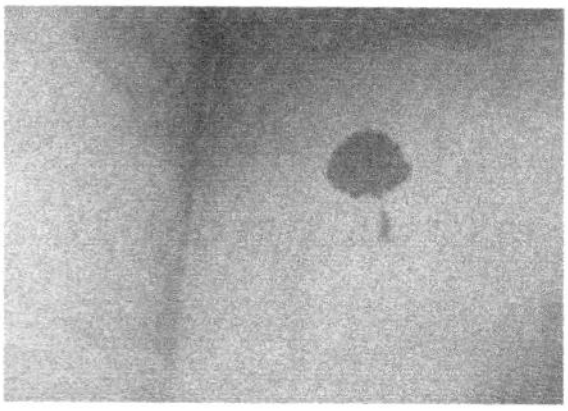

图3.3-1　墙面局部水渍

（1）外墙内侧出现渗漏，外部一定存在渗水通道；根据现场查勘情况分析，由于女儿墙避雷线支架根部未打密封胶，形成了外部雨水进入外墙保温层内部，这是引起该渗漏的直接原因。

（2）经现场查对施工图纸，渗漏发生处属于混凝土剪力墙墙体，从混凝土整体性考虑，引起该渗漏的重要原因极有可能是施工模板对拉螺栓孔封堵不严，形成外部雨水进入室内的渗水通道。

3. 维修方案制定

根据上述原因分析，结合现场观察和施工具体情况，给出如下维修处理方案：

（1）对屋面女儿墙避雷网所有支架根部清理干净后，施打中性硅酮耐候胶，封堵渗水通道。

（2）剔除渗漏部位外墙保温层，重新进行外墙模板对拉螺栓孔封堵。

4. 维修处理过程

（1）主要材料及机具

中性硅酮耐候胶、EPS 模塑聚苯保温板、保温墙面罩面砂浆、真石漆、乳胶漆、吊篮、电钻、小铲刀、滚刷、毛刷、锤子、抹刀、空压机、喷枪、胶枪等。

（2）工艺流程

①剔除渗漏部位保温板→基层清理→对拉螺栓孔封堵及防水施工→恢复保温层→恢复内外墙装饰面层做法。

②清理支架根部杂物和灰尘→施打中性硅酮耐候胶。

5. 维修效果及成本

（1）维修效果

该渗漏处理完毕后，经过对业主的回访得知，采用此方案处理的渗漏，后期均未出现渗漏现象，得到了物业单位和业主的一致认可。

（2）维修成本

经统计，该小区楼座顶层共 4 户存在外墙面渗漏问题，渗漏数量为 7 处，总维修费用为 3260 元，具体费用明细如下：

费用名称	材料名称	数量	单价（元）	合计（元）
人工费	—	2 工日	380	760
材料费	EPS 模塑聚苯保温板	10 张	25	250
	中性硅酮耐候胶	6 支	10	60
	真石漆	10L	90	900
	乳胶漆	5L	15	75
	保温墙面罩面砂浆	5kg	25	125
	聚氨酯防水涂料	3kg	30	90
其他费用	吊篮租赁及卫生清理	—	1000	1000
合计				3260

6. 施工防控建议

（1）外墙保温施工前，应做好外墙混凝土模板对拉螺栓孔封堵工作，截断外墙渗水通道，施工时可参见以下螺栓孔封堵做法（图 3.3-2~ 图 3.3-8）。

（2）严格控制外墙保温施工质量，杜绝“热桥”现象的产生。同时，选用优质弹性外墙防水涂料，减少外墙面开裂。

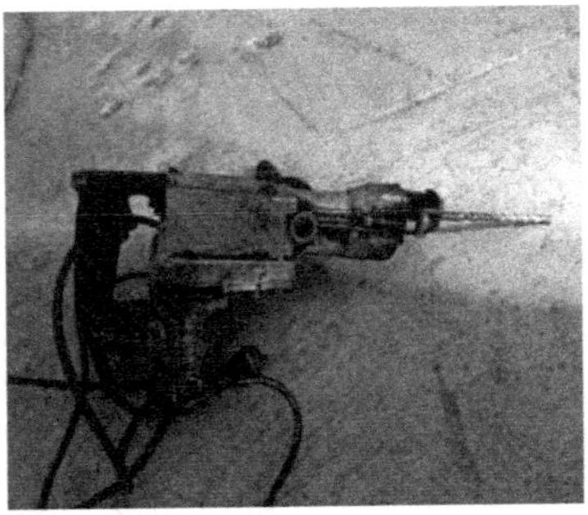

图 3.3-2　电钻

图 3.3-3　PVC 套管清除

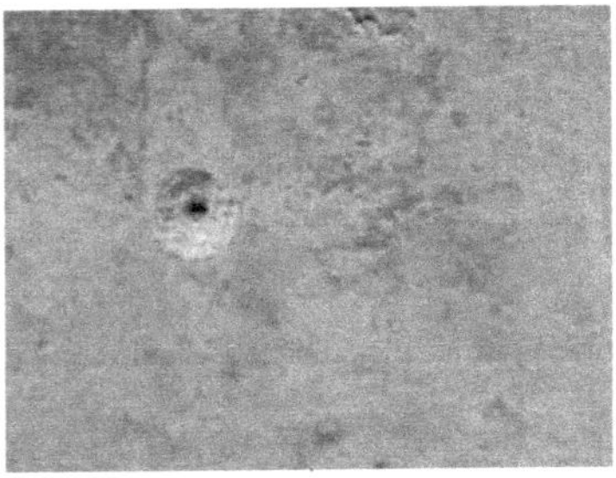

图 3.3-4　扩大成喇叭孔

图 3.3-5　发泡胶及防水砂浆填塞

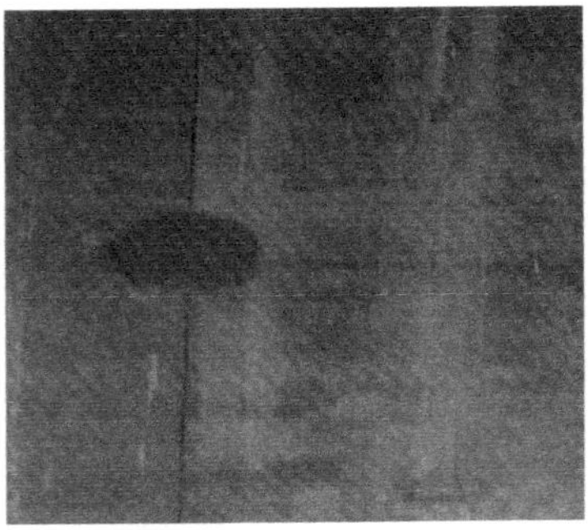

图 3.3-6　防水砂浆抹平

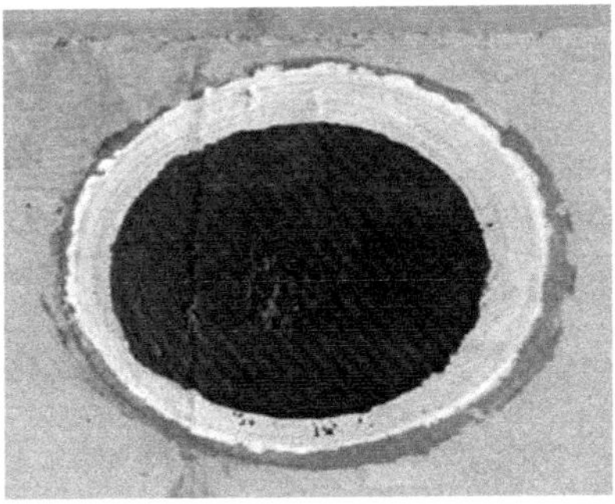

图 3.3-7　防水涂料涂刷

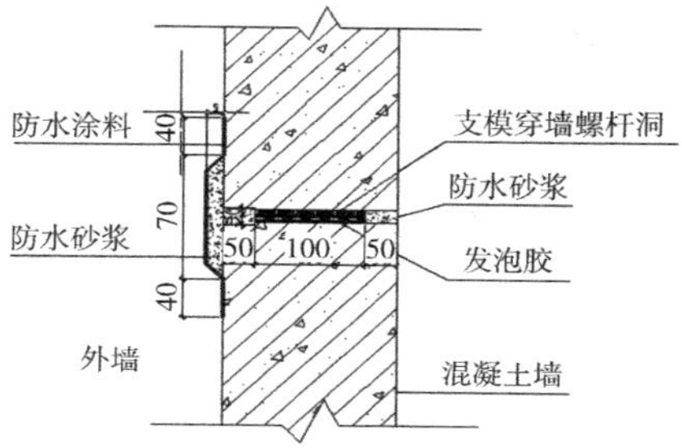

图 3.3-8　推荐节点图（mm）

（3）外墙附属配件穿外墙保温层部位，应当施打耐候密封胶或采取相应封堵措施。

3.3.2　实例02：东户凸窗渗漏

该住宅建筑于 2013 年 4 月开工建设，地下 2 层，地上 28 层，设计层高度为 2.8m，建筑面积为 16800m²，单体建筑总高度为 80m，结构类型为混凝土剪力墙结构。填充墙体采用 DM M5 预拌砂浆砌筑 A3.5 加气混凝土砌块，DP M15 预拌砂浆墙面抹灰，内墙满刮腻子涂料罩面。外墙面采用 XPS 挤塑聚苯保温板，外罩聚合物抹面胶浆加玻纤耐碱网格布，涂刷外墙防水涂料。外窗采用铝合金窗，带附框安装，部分为凸窗，全装修交付。工程竣工时间为 2015 年 9 月。

1. 问题描述

2018 年 7 月，在一次台风过后，该住宅楼 1203 户业主向小区物业公司反映外窗出现渗漏情况。在接到该住户的渗漏投诉后，工程相关责任方赶赴现场查勘。根据现场观察，渗漏主要出现在东侧单元 12 层东山墙凸窗与墙体四周交界处。雨水透过窗框周围外墙体渗透至内墙面，造成凸窗内部墙体乳胶漆起皱起皮，内墙壁纸脱落发霉，窗台部位有明水存在（图 3.3–9~ 图 3.3–11）。

图 3.3–9　乳胶漆局部起皱

图 3.3–10　乳胶漆局部起皮

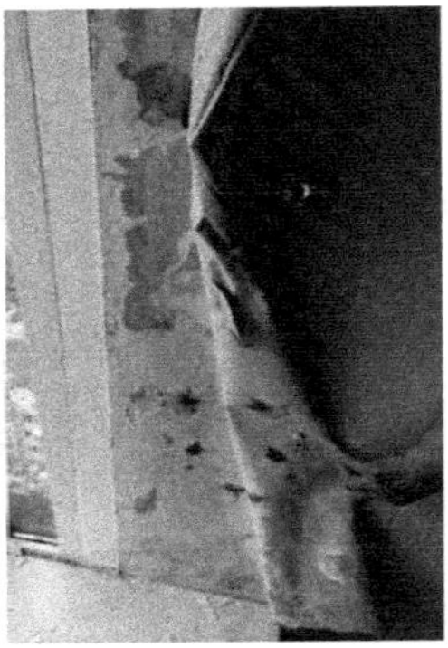

图 3.3–11　内墙壁纸脱落发霉

2. 原因分析

针对该渗漏发生的部位和渗漏程度，技术人员作出以下原因分析：

（1）经现场对凸窗外侧进行查勘，发现凸窗上部挑檐上表面排水坡度较小，根部与外墙保温饰面层间有明显水平裂缝存在，因此可以断定该裂缝成为外部雨水向保温层内部渗漏的通道。

（2）凸窗与外墙面交接处中性硅酮耐候胶存在局部施打不严密、不连续、局部老化开裂等问题，此处开裂产生的缝隙也成为外部雨水向保温层内渗漏的通道。

（3）经现场局部破坏性检查发现，凸窗上部挑檐根部保温层抹灰开裂明显，窗四周附框与外墙嵌缝砂浆、附框与外窗框之间均未施打密封胶，此三处裂缝形成了雨水向室内墙面渗漏的通道，这是该渗漏问题发生的主要原因。

（4）该凸窗位于房屋东山墙，处于夏季主导风向主要影响区域，外风压较大。在台风风压作用下，大量雨水短时间内由上述裂隙进入墙体和室内（室内气压低于室外气压），这是造成此处渗漏发生较为严重的另一个原因。

3. 维修方案制定

基于上述原因分析，维修工作主要采用增做凸窗上部挑檐上表面及根部墙面防水，加大挑檐上表面排水坡度以及在凸窗周围补打中性硅酮耐候胶的维修方案。

4. 渗漏维修过程

（1）主要材料及机具

普通防水砂浆、XPS 挤塑聚苯保温板、耐碱玻纤网格布、保温罩面砂浆、JS 防水涂料、中性硅酮耐候胶、粉刷石膏、腻子、乳胶漆、吊篮、切割机、锤子、凿子、小铲刀、滚刷、毛刷、胶枪等。

（2）工艺流程

窗周围及挑檐上表面、根部（上翻外墙立面 300mm）保温板切割→剔除保温板→基层清理→挑檐上表面找补抹普通防水砂浆（根部抹圆弧，上表面排水坡度 5%）→挑檐部位涂刷 JS 防水涂料三遍（根部加贴无纺布）→窗框与附框清理→附框与外墙嵌缝砂浆、附框与外窗框间施打中性硅酮耐候胶→保温板补贴→抹保温抹面砂浆（压入耐碱玻纤网格布，窗框与保温抹面层间留 6mm×8mm 凹槽）→再次施打中性硅酮耐候胶→内外墙饰面层恢复。

5. 维修效果及成本

（1）维修效果

经后期回访得知，该处凸窗未再出现渗漏现象（图 3.3-12）。

图3.3-12　室外维修后效果

（2）维修成本

经统计，该户单窗维修总费用为 2660 元，具体费用明细如下：

费用名称	材料名称	数量	单价（元）	合计（元）
人工费	—	3 工日	380	1140
材料费	室内腻子涂料	—	70	70
	XPS 挤塑聚苯保温板	2 张	25	50
	中性硅酮耐候胶	2 管	20	40
	JS 防水涂料（含粉料）	1 组	350	350
	保温抹面砂浆	1 袋	90	90
	乳胶漆	1 桶	120	120
其他费用	吊篮租赁费、耐碱玻纤网格布、普通防水砂浆和卫生清理等	—	—	800
合计				2660

6. 施工防控建议

（1）外墙保温施工时应加强外墙挑檐或悬挑构件根部防水、防裂质量控制，并保证上述部位排水坡度，严禁发生倒坡积水现象。

（2）附框与墙体间嵌填防水砂浆外侧应施打耐候胶或涂刷防水涂料；附框与外窗框间空隙满打发泡胶后外侧应再施打耐候胶。

（3）在窗框与保温抹面层之间宜留置深度 6~8mm、宽度 6mm 的凹槽，在凹槽内满打中性硅酮耐候胶；在外墙涂料涂刷前应完成所有中性硅酮耐候胶的施打工作。

（4）住宅外窗采用附框干法安装时，建议采用窗洞口四周预留“企口”做法。保温层粘贴时窗洞口等终端位置应设置翻包网，减少墙面局部开裂。

3.3.3　实例03：南向外窗渗漏

该住宅建筑于 2013 年 11 月开工建设，地下 2 层，地上 28 层，建筑面积 17136.42m^2，建筑总高度 83.55m，结构形式为混凝土框架—剪力墙结构；外窗采用高级隔热断桥铝合金窗，外墙保温采用 B_1 级 EPS 模塑聚苯保温板，保温层与窗框间施打中性硅酮耐候胶。工程于 2016 年 1 月竣工，毛坯交付。

1. 问题描述

渗漏发生时间为 2018 年 6 月，业主已经完成室内精装修并入住。接到报修通知后，物业单位立即牵头组织建设、施工等单位相关技术人员赴现场进行查勘。根据现场观察，渗漏部位多出现在南向外窗顶部窗帘盒两侧，内墙涂料出现潮湿、发霉现象，窗外侧洞口上沿保温层倒坡且漏做滴水线（槽），窗框密封胶出现开裂脱皮情况（图 3.3–13、图 3.3–14）。

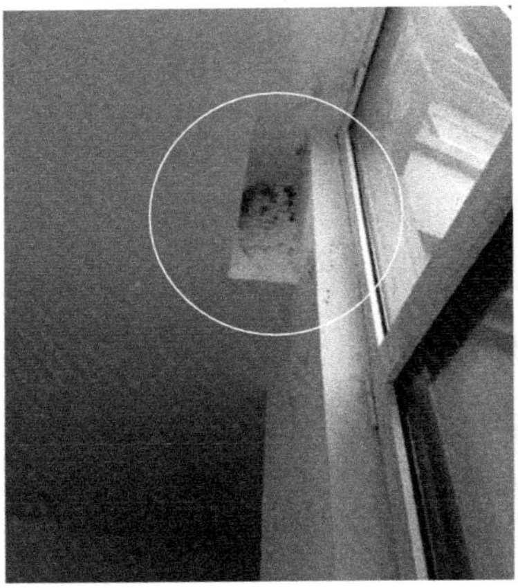

图3.3–13　外窗内侧涂料发霉

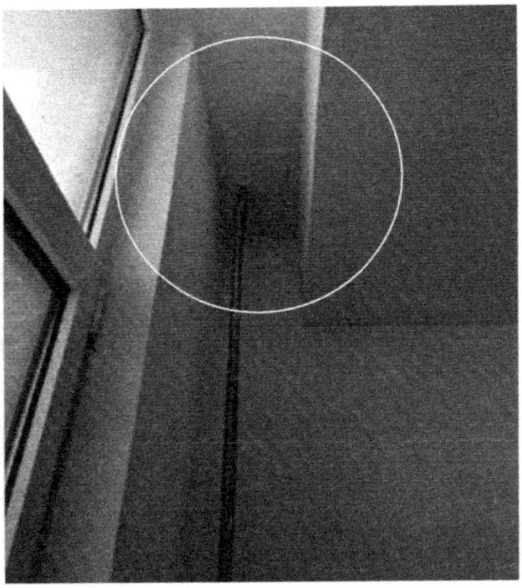

图3.3–14　外窗内侧涂料起皮

2. 原因分析

通过现场观察并结合渗漏具体部位及状况，导致该渗漏的原因主要有两个：

（1）窗外洞口上沿密封胶开裂，保温层与窗框间、窗框与外墙间缝隙成为渗水通道，这是引起该渗漏的主要原因。

（2）窗洞口上沿保温层倒坡，且无滴水线（槽），顺外墙立面流下的雨水在外风压作用下爬入外窗上口，这是造成此渗漏产生的另一个原因。

3. 维修方案制定

根据上述原因分析，维修人员制定如下方案：

重做外窗洞口上沿保温层，重新进行找坡，上沿外侧增做滴水线，杜绝雨水沿上沿部位向内侧渗入；对窗框与外墙间、窗框与保温层间两次打胶，截断渗水通道。

4. 维修处理过程

（1）主要材料及机具

成品滴水线条、保温抹面砂浆、聚氨酯发泡胶、EPS 模塑聚苯保温板、耐碱玻纤网格布、弹性外墙涂料、内墙腻子、乳胶漆、中性硅酮耐候密封胶、吊篮、切割机、锤子、凿子、小铲刀、抹刀、滚刷、毛刷、胶枪等。

（2）工艺流程

剔除外窗上沿保温构造层→窗框与墙间补打发泡胶→基层清理与界面处理→窗框与墙体间打耐候胶→重新施工窗外侧上沿保温各构造层和滴水线→窗框与保温层间打耐候胶→恢复室内饰面层。

具体维修过程：

①清除窗框外侧密封胶、洞口上沿保温各构造层及上沿沿墙立面上方 100mm 范围内的保温饰面层。

②对窗框与墙体间空隙封堵不严部位施打聚氨酯发泡胶，并对清除区域进行基层清理和涂刷界面剂。

③对窗上框外侧与墙之间缝隙施打中性硅酮耐候密封胶。

④重新施工窗外侧洞口上沿保温各构造层，增设滴水线条，新旧网格布搭接距离不小于 100mm，同时做好防水找坡工作

（内高外低）。

⑤对窗上框外侧基层进行清理，打中性硅酮耐候密封胶，重新恢复室内外饰面层。

5. 维修效果及成本

（1）维修效果

该渗漏处理完毕后，经过对业主的回访得知，采用此方案处理的外窗，后期均未再出现渗漏，得到了物业单位和业主的一致认可。

（2）维修成本

经统计，本住宅共维修处理外窗渗漏 7 处，总费用为 11150 元，具体费用明细如下：

费用名称	材料名称	数量	单价（元）	合计（元）
人工费	—	16 工日	280	4480
材料费	外墙涂料	2 桶	280	560
	乳胶漆	2 桶	360	720
	成品滴水线	35m	2	70
	聚氨酯发泡胶	10 瓶	12	120
	内墙饰面层及窗上弦保温层恢复等	1 项	700	700
	中性硅酮耐候胶	6 瓶	25	150
机械费	吊篮安拆及租赁费用			4000
其他费用	卫生清理			350
合计				11150

6. 施工防控建议

（1）严控外窗洞口上沿滴水线（槽）施工，保证外墙面雨水不倒流。

（2）窗底框应采用镀锌固定片安装，严禁使用长脚膨胀螺栓穿透型材固定。

（3）窗框安装固定后，应及时取出临时固定窗框的木楔，清理外窗框与洞口间隙内杂物和灰尘，施打聚氨酯发泡胶应一次成型，充填应饱满。

（4）窗框与墙体、保温间施打耐候胶前，务必要将基层清理干净，做到无尘、无砂、无杂物后方可进行后续工序施工。

（5）外窗台排水坡度不宜小于 5%。

3.3.4　实例04：东户山墙渗漏

该住宅建筑于 2015 年 11 月开工建设，地上 18 层，层高 2.9m，主体为现浇混凝土剪力墙结构，基础形式为混凝土筏板基础，基础持力层为中风化泥岩。外墙由剪力墙和砌体墙构成，剪力墙对拉螺栓眼采用聚氨酯发泡胶加防水砂浆封堵，外部刷 3 道聚氨酯防水涂料；外墙做法为抹灰找平加 B_1 级 EPS 模塑聚苯保温板保温层，涂刷外墙防水涂料。其中，外立面在 7 至 8 层间设有保温材料造型带，为工厂预加工完成，现场施工采用粘锚方式固定于外墙立面造型处。工程竣工时间为 2018 年 1 月。

1. 问题描述

渗漏发生时间为 2018 年 8 月，物业单位接到小区业主反映雨后渗漏问题后，联系工程建设、施工单位相关人员一同赴现场进行初步检查。

根据现场观察，渗漏主要发生在7层东山墙内侧，墙面出现局部轻微潮湿，有的湿渍呈现水平分布状态，位置距离顶棚下方约30cm处（图3.3-15、图3.3-16）。

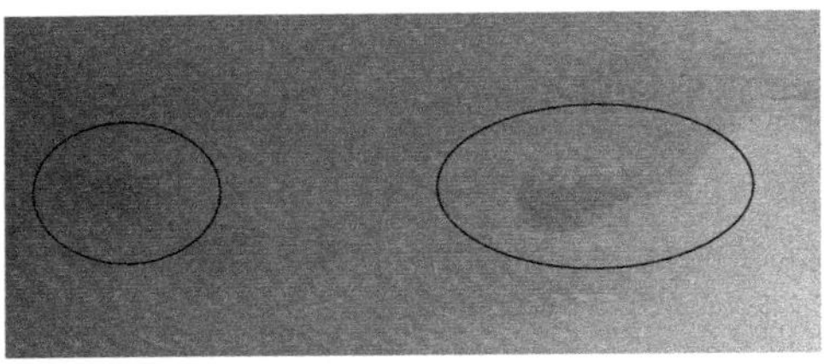

图3.3-15　墙面轻微渗漏

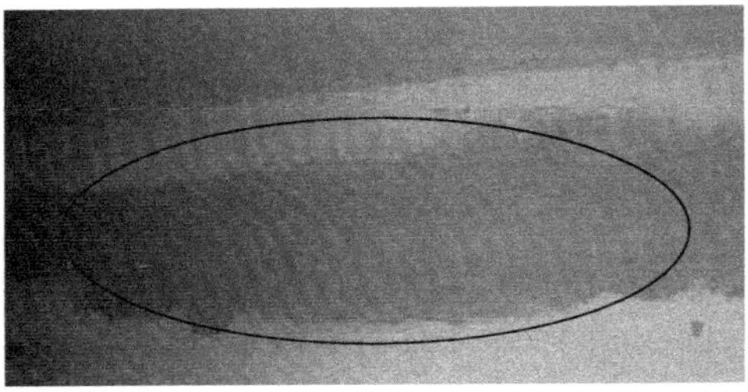

图3.3-16　湿渍呈水平分布

2. 原因分析

根据渗漏出现的位置、状态并结合工程施工实践经验，该问题产生的原因有如下三点：

（1）该住宅东山墙为剪力墙及砌体墙共同组成。渗漏发生在砌体墙与剪力墙连梁交接处，该处恰好位于该楼层外墙造型带下方。受温差和材料干缩作用影响，外墙立面与造型带上表面交界拐角处为应力集中部位，此部位出现的水平裂缝成为渗水通道，这是造成该渗漏的主要原因。

（2）渗漏部位基本位于连梁底部与外墙砌体交界处，可以判断基层墙体抹灰开裂形成渗水通道，此为该渗漏发生的次要原因。

（3）在外墙造型带安装施工时，造型带上表面排水坡度过小，积水未能及时排出，是造成该处渗漏产生的另一个重要原因。

3. 维修方案制定

根据上述原因分析，结合工程实际情况，采取以下维修方案：

（1）清除渗漏部位外墙造型带上表面及根部墙面局部保温饰面层。

（2）造型带上表面向外适当找坡，批嵌外墙柔性防水腻子，外墙面与造型带交界拐角处做成小圆弧。

（3）多遍涂刷外墙防水涂料（拐角增贴聚酯无纺布）。

（4）清除内墙起皮的腻子、涂料，将基层清理干净后恢复内墙饰面。

4. 问题处理过程

（1）主要材料及机具

柔性防水腻子、聚酯无纺布、保温抹面砂浆、耐碱玻纤网格布、外墙防水涂料、内墙腻子、乳胶漆、吊篮、切割机、锤子、凿子、小铲刀、抹刀、壁纸刀、滚刷、毛刷等。

（2）工艺流程

①室外：清除外墙造型带上表面及根部向上 300mm 高墙面保温饰面层→在造型带上表面用保温抹面砂浆找坡（内压耐碱玻纤网格布）→批嵌柔性防水腻子并打磨→涂刷 3 遍外墙防水涂料并压贴聚酯无纺布。

②室内：清除内墙渗漏处腻子及涂料→刮内墙腻子并打磨→刷内墙乳胶漆。

5. 维修效果及成本

（1）维修效果

该渗漏处理完毕后至今，均再未出现渗漏现象（图 3.3-17、图 3.3-18）。

图3.3-17　室内修补后效果

图3.3-18　室外修补后效果

（2）维修成本

经统计，共有 2 间房间墙面存在外墙渗漏问题，总维修费用为 3448 元，具体费用明细如下：

费用名称	材料名称	数量	单价（元）	合计（元）
人工费	—	4 工日	380	1520
材料费	保温抹面砂浆	1 袋	90	90
	外墙柔性防水腻子	20kg	5	100
	外墙防水涂料	16L	7	112
	聚酯无纺布	1 卷	26	26
	内墙腻子、乳胶漆	1 项	200	200
其他费用	吊篮租赁、卫生清理等	—	1400	1400
合计				3448

6. 施工防控建议

（1）当遇到外墙设计有立面造型带时，建议主体结构施工时改用根部带上翻坎台的混凝土小挑檐，并在外保温施工前在该处增设防水层。

（2）外墙立面造型带上表面建议设置不小于 5% 的排水坡度，杜绝下雨天气积水的可能性。

（3）在外墙造型处施工保温饰面层时，建议在拐角处设置圆弧并增加一层耐碱玻纤网格布，防止此处过早出现开裂现象。

（4）外墙涂料涂刷应均匀，不可漏涂，对造型复杂处应多遍涂刷，保证涂料厚度。

3.4 地下室渗漏维修

3.4.1 实例01：地下车库顶板渗漏

该住宅建筑于2015年6月开工建设，地下2层，地上28层，车库总建筑面积8020.6m^2，地下室设计层高3.9m，主体为混凝土框架—剪力墙结构，基础形式为独立基础＋条基＋抗水板，车库顶板为C30混凝土，车库外墙防水做法为3mm厚SBS两道，顶板防水做法为3mm厚SBS+4mm厚耐根穿刺防水卷材，工程竣工时间为2017年5月。

1. 问题描述

渗漏发生时间为2018年7月。根据现场观察，渗漏发生在地下室车库地下一层顶板（图3.4-1、图3.4-2），部分顶棚、

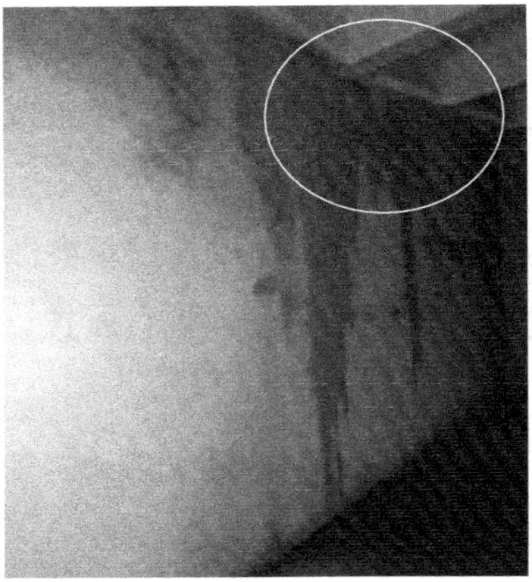

图3.4-1　顶板腻子出现发霉潮湿

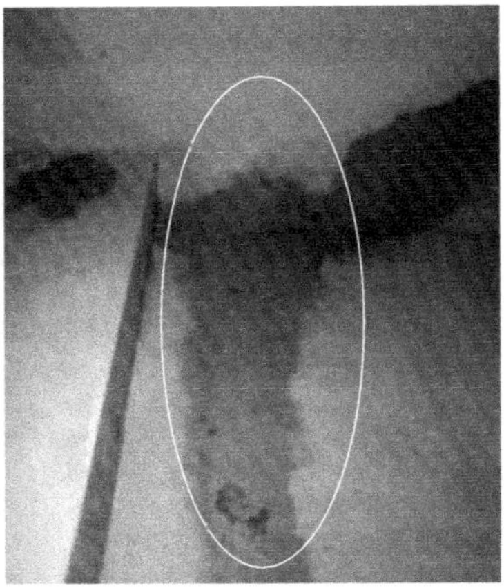

图3.4-2　顶板腻子出现水渍

墙面腻子出现潮湿、发霉、滴水现象。检查人员现场将渗漏痕迹明显部位的腻子进行了铲除，观察到混凝土基层已出现明显开裂渗水情况。

2. 原因分析

从渗漏部位及渗漏程度来看，可以断定地下室顶板或外墙防水层未能有效阻断水向地下室渗漏，存在局部防水失效的问题。结合以往工程施工实践经验，相关技术人员推断发生该渗漏的原因可能有如下几点：

（1）外墙与地下室顶板防水卷材可能存在局部破损或接缝不严的问题，地下水通过卷材不严密部位向地下室渗漏，此为主要原因。

（2）地下室外墙防水卷材收头未采用金属条钉压防水油膏密封措施，造成外部水源透过此薄弱环节进入地下室混凝土基层内，此为另一个原因。

（3）温度差和材料干缩引起的内拉应力导致混凝土产生裂缝，形成渗水通道，此为该问题发生的次要原因。

3. 维修方案制定

结合上述原因分析，考虑到地下室顶板上部及外墙外侧均已完成了室外道路铺装及绿化施工，如采用打开外侧回填土对防水层进行检查维修的方法，资金及时间成本较大。建设及施工单位选择并制定了从室内注浆堵塞渗水通道的维修方案。

4. 维修处理过程

（1）主要材料及机具

注浆机、高弹性水溶性聚氨酯堵漏剂、ϕ13mm 注浆嘴、T 形手动扳手、ϕ14mm 钻头、冲击钻、聚合物水泥防水砂浆、防霉腻子、铲刀、滚刷（毛刷）、钢制刮板、防护及卫生清理相关材料等。

（2）工艺流程

对顶板开裂处的腻子进行仔细剔除并清理干净→沿缝钻孔→清孔→固定注浆嘴并拧紧→洗缝→基层清理并涂界面剂→涂刮聚合物水泥防水砂浆封缝→注浆施工（先周围后中间）→二次补浆→清理注浆嘴和多余封堵材料并用聚合物防水砂浆封孔→涂刮聚合物水泥防水砂浆→饰面工程修复（图 3.4-3~ 图 3.4-8）。

图 3.4-3　高弹性水溶性堵漏剂

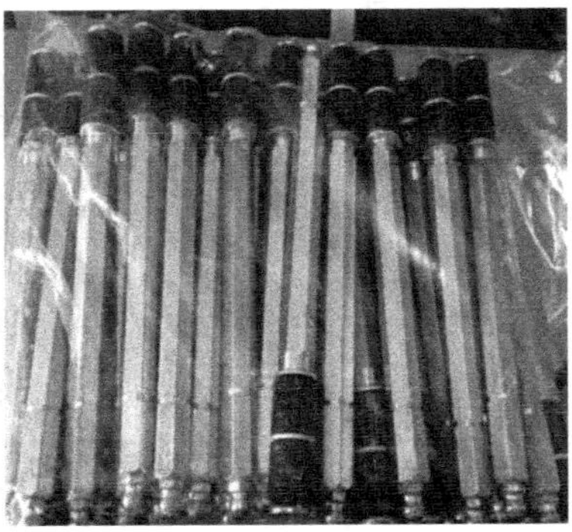

图 3.4-4　注浆嘴

图 3.4-5　注浆孔施工

图 3.4-6　注浆施工

图 3.4-7　清理注浆嘴和封缝材料

图 3.4-8　防霉腻子饰面修复

5. 维修效果及成本

（1）维修效果

该渗漏处理完毕 1 年后，经过对业主的回访得知，采用此方案处理顶板渗漏，后期均未再出现渗漏现象，得到了物业单位和业主的一致认可。

（2）维修成本

经统计，该处渗漏问题的总维修费用为 2030 元，具体费用明细如下：

费用名称	材料名称	数量	单价（元）	合计（元）
人工费	—	5 工日	200	1000
材料费	水溶性聚氨酯堵漏剂	2 桶	180	360
	ϕ13mm 注浆嘴	1 袋	100	100
	聚合物水泥防水砂浆	30kg	10	300
	防霉腻子	1 袋	70	70
其他费用	防护及卫生清理等			200
合计				2030

6. 施工防控建议

（1）地下室外墙防水卷材收头部位受卷材自重和回填土下沉负摩阻力影响，容易出现脱落现象，因此在防水卷材收头处应使用金属压条及水泥钉进行有效钉压，且采用防水密封材料对收头部位进行密封处理。

（2）防水卷材在接缝处铺贴施工时，应将基层和已铺卷材的表面清理干净，涂刷界面处理剂，确保基层与卷材清洁、平整、干燥，保证卷材与基层、卷材与卷材接缝之间的粘结牢固严密。

（3）地下室顶板严禁重型机械进入，避免集中堆放钢筋、PC 构件等超重建筑材料和构配件，防止集中荷载效应超过顶板极限承载力而出现开裂现象。

（4）合理控制后浇带混凝土补浇时间，一般不少于 42d（注意：控制建筑物不均匀沉降的后浇带，其补浇时间应根据沉降观察记录等可靠依据确定）。

3.4.2　实例02：地下室刚性套管穿墙管道根部渗漏

某住宅建筑于 2013 年 6 月开工建设，地下 2 层，地上 28 层，总建筑面积 28562.43m^2，地上建筑面 23818.38m^2，地下建筑面积 4744.05m^2，结构形式为混凝土剪力墙结构；地下室外墙防水做法为 3mm 厚 SBS 防水卷材两道，穿墙管道采用刚性套管。工程竣工时间为 2015 年 3 月。

1. 问题描述

渗漏发生于 2017 年 7 月，在一次大雨过后，地下一层西北侧外墙穿墙管道套管周围有水渗出，墙面腻子出现起皮、脱落等现象（图 3.4-9）。

由于渗漏发生部位靠近地下室顶部，该处回填土埋置深度较浅，上方有花草绿化带。为便于准确分析渗漏原因，施工单位在现场采取开挖回填土，通过对穿墙管道外侧周边防水情况进行观察，可发现卷材在管道收头部位未使用金属箍，卷材有明显翘边、开裂情况。

图 3.4-9　穿墙管道周边渗漏

2. 原因分析

针对渗漏出现的部位、渗漏范围及渗漏程度，结合工程实际，检查人员对渗漏原因作出如下分析：

（1）针对渗漏主要发生在管道套管和套管周围区域，可初步判断管道与套管及套管周围混凝土存在渗水通道。渗漏的发生原因，一是有渗水通道，二是有水的存在，显然该地下室迎水面防水层已出现局部失效的情况。

（2）该住宅地下室外防水采用卷材防水层，防水层失效后存在内部蹿水的可能性。防水层失效大多数由卷材破坏、接缝不严密或卷材收头施工不到位等引起，从现场开挖后观察得知，卷材在管道收头处防水失效引起该渗漏的可能性最大。

3. 维修方案制定

根据实际情况和渗漏原因分析，现场采取如下维修方案：

将管道外侧局部防水层及附加层清除，在管道与套管之间重新进行石棉水泥、沥青麻丝和中性硅酮耐候胶嵌填；重做管道周围防水附加层、防水层，卷材在管道处收头做法采用金属箍紧固收头并施打中性硅酮耐候胶密封（图 3.4-10），新旧卷材搭接宽度不小于 100mm。

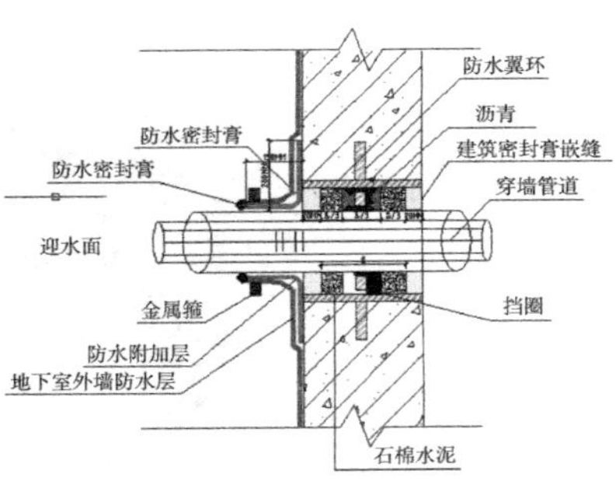

图3.4-10　地下穿墙管道防水构造示意

4. 维修处理过程

（1）主要材料及机具

3mm 厚 SBS 防水卷材、石棉水泥、沥青麻丝、中性硅酮耐候胶、SBS 卷材界面剂、粉煤灰砖、内墙腻子、内墙涂料、铁锹、锤子、凿子、壁纸刀、滚刷、毛刷、抹刀等。

（2）工艺流程

图 3.4-11　管道周围卷材施工

人工开挖→割除防水层→基层清理→套管与管道间墙厚方向中间填捣沥青麻丝→套管两端填打石棉水泥（凹进 15~20mm）→嵌填中性硅酮耐候胶→涂刷界面剂→防水附加层施工→防水层施工→管道卷材收头施工→防水层粉煤灰砖保护墙恢复→回填土恢复→室内管道周围墙面基层清理→抹压防水砂浆→腻子施工→内墙涂料恢复（图 3.4-11）。

5. 维修效果及成本

（1）维修效果

经过采用该方案处理后，后期未发现该位置再出现过渗漏问题。

（2）维修成本

经统计，该处渗漏维修的总费用为 3458 元，具体费用明细如下：

费用名称	材料名称	数量	单价（元）	合计（元）
人工费	—	8 工日	220	1760
材料费	防水卷材	1 卷	280	280
	中性硅酮耐候胶	5 管	50	250

续表

费用名称	材料名称	数量	单价（元）	合计（元）
材料费	界面剂	1 桶	160	160
	内墙腻子	4 袋	38	152
	内墙涂料	2 桶	128	256
	粉煤灰砖及砌筑砂浆	1 项	200	200
其他费用	沥青麻丝、石棉水泥、卫生清理等	1 项	400	400
合计				3458

6. 施工防控建议

（1）穿墙管道伸出外墙的部位，应采取防止回填土回填时将防水材料及管体损坏的防护措施。

（2）卷材在穿墙管道的收头部位应采用金属箍紧固后再满打密封材料的方法。

（3）建议地下室卷材防水层采用粉煤灰砖砌体作为保护层。

3.4.3　实例03：地下室外墙后浇带渗漏

该住宅建筑于 2015 年 3 月开工建设，地下 2 层，地上 28 层，总建筑面积 14027.39m^2，建筑总高度为 84.9m，层高为 2.9m；结构类型为混凝土框架—剪力墙结构，基础为梁筏基础；地下室外墙设计防水做法为 SBS 防水卷材两道。工程竣工时间为 2017 年 3 月。

1. 问题描述

渗漏发生时间为 2018 年 10 月。该住宅地下室地下二层剪力墙南侧墙面后浇带附近出现很明显的水迹，与之临近的地表面附近形成较多积水情况（图 3.4-12）；经现场仔细观察，发生渗漏的墙面存在明显竖向裂缝但宽度较小，有水不断从裂缝中渗出；地下室室外周边地面铺装和绿化种植土下沉明显。

图3.4-12　后浇带位置渗漏

2. 原因分析

针对渗漏出现的部位及渗漏程度，结合渗漏产生机理和工程实际，分析该渗漏产生的原因如下：

（1）该工程地下室外墙后浇带处存在明显渗漏且严重到室内地面形成积水，说明该住宅地下室外防水层已经失效。经了解，该住宅地下室外墙防水卷材采用热熔法施工，在与底板预留卷材接缝时未对原卷材进行彻底清理，怀疑此处可能因粘结不严存在渗水情况。地下室外墙防水保护层采用 XPS 挤塑聚苯保温板，施工时拼接不严，破损严重，室外回填土下沉形成的负摩阻力引起防水卷材在接缝处受拉开裂。后浇带处防水卷材附加层施工时，基层含水率较高造成防水卷材与基层粘结不牢，卷材内部“蹿水”通过后浇带渗水通道形成渗漏。上述因素共同造成地下室外墙防水层失效，这是引起本次渗漏的主要原因。

（2）外墙后浇带处施工时杂物清理不彻底，原混凝土凿毛、界面处理剂涂刷不到位，新旧混凝土结合不严密和混凝土养护不到位引起局部收缩出现的竖向裂缝，形成地下水渗漏通道，这是引起地下室外墙渗漏的另外一个原因。

3. 维修方案制定

通过对现场实际情况的调查，该住宅地下室外墙外侧回填土埋置深度高达8m，部分回填土上方已进行了绿化和铺装施工。若采用开挖回填土对外侧防水层进行修补的方法进行维修，耗费的时间长且资金成本巨大。为此，结合该渗漏处墙体裂缝宽度较小的特点，现场拟采用在室内对渗漏裂缝进行高压注浆堵塞渗水通道的方案进行维修处理。

4. 维修处理过程

（1）主要材料及机具

注浆机、ϕ13mm注浆嘴、T形手动扳手、聚氨酯注浆液、防潮腻子、电锤、ϕ14mm钻头、铲刀、滚刷（毛刷）、刮板等。

（2）具体维修过程：

①清理墙面装饰层至混凝土基层，沿裂缝剔成V形槽，用清水冲刷干净。

②在渗漏墙面进行钻孔ϕ14mm，钻孔位置交叉布置在裂缝两侧，钻孔与裂缝水平距离为100mm，孔间距200~300mm，

钻孔应斜穿裂缝，垂直深度为混凝土结构厚度的 1/2，应严格控制钻孔深度，防止钻透墙体。

③清理钻孔后塞入注浆嘴并拧紧，清理裂缝后用堵漏剂速凝材料封闭混凝土裂缝和注浆嘴周围，自下而上沿竖向渗漏缝注浆。

④注浆材料固化后清除注浆嘴并用堵漏剂速凝材料封闭注浆孔（图 3.4-13）。

⑤清理基层墙面涂刷水泥基渗透结晶型防水涂料后分层抹压聚合物水泥防水砂浆，室内装饰面层恢复。

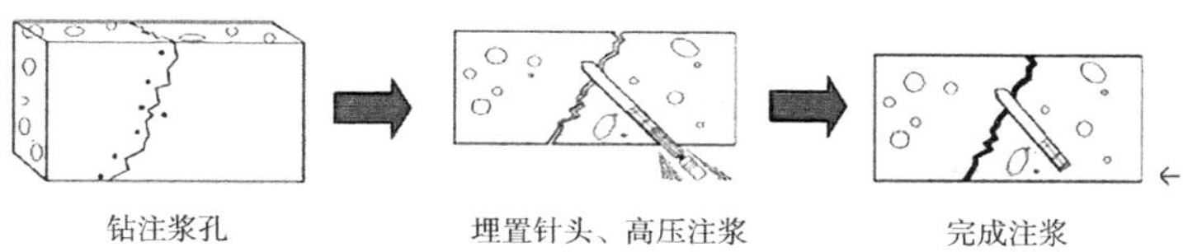

图3.4-13　注浆维修过程

5．维修效果及成本

（1）维修效果

经后期回访得知，依照上述方案处理后的地下室外墙通过雨季检验再未发现渗漏问题。

（2）维修成本

经统计，该处渗漏问题维修的总费用为 2465 元，具体费用明细如下：

费用名称	材料名称	数量	单价（元）	合计（元）
人工费	—	6 工日	220	1320
材料费	聚氨酯注浆液	1 桶	180	180
	注浆嘴	50 个	1.6	80
	堵漏剂	1 箱	75	75
	聚合物水泥防水砂浆	5kg	10	50
	水泥基渗透结晶型防水涂料	1 桶	230	230
	防潮腻子	5 袋	76	380
其他费用	卫生清理等	—	150	150
合计				2465

6. 施工防控建议

（1）混凝土外墙后浇带处止水钢板预留位置要准确，在中部放置缓膨型遇水膨胀橡胶止水条，必要时可设置预埋注浆管，以便有效阻断渗水通道和方便后期堵漏。

（2）浇筑后浇带混凝土前，应仔细清除两侧施工缝残留的砂浆和松动石子，并凿毛刷界面处理剂。

（3）后浇带应采用补偿收缩混凝土浇筑（减少收缩变形），其抗压强度和抗渗等级应不低于两侧混凝土相应等级。

（4）做好后浇带补偿混凝土养护工作，宜采用覆盖保湿养护，时间不宜不少于 14d，确保其充分发挥微膨胀作用。

（5）外防水层施工时，在施工缝处应设置防水附加层，每侧宽度不小于 250mm。

3.4.4　实例04：地下室外墙局部渗漏

该住宅建筑于 2013 年 7 月开工建设，地下 2 层，地上 28 层，设计层高 3m，建筑面积 16830m^2，建筑总高度为 84m。设计采用预应力管桩加筏板基础，主体为混凝土框架—剪力墙结构，地下室外防水层采用 3mm+4mm 厚 SBS 二道防水卷材，防水保护层采用 120mm 宽粉煤灰砖砌筑。工程竣工时间为 2015 年 12 月。

1. 问题描述

渗漏发生时间为 2017 年 6 月。一次大雨过后，物业工作人员报告地下室墙面出现渗水现象。经建设、施工单位相关技术人员到达现场察看，发现地下一层物业用房外墙面存在较明显无规则裂缝（宽度较小），且有明水不断从裂缝中渗出，墙面局部腻子涂料起皮、脱落（图 3.4-14）。从室外观察，地下室外侧回填土地面区域为绿化带，且靠近地下室外墙有大型乔木种植情况。

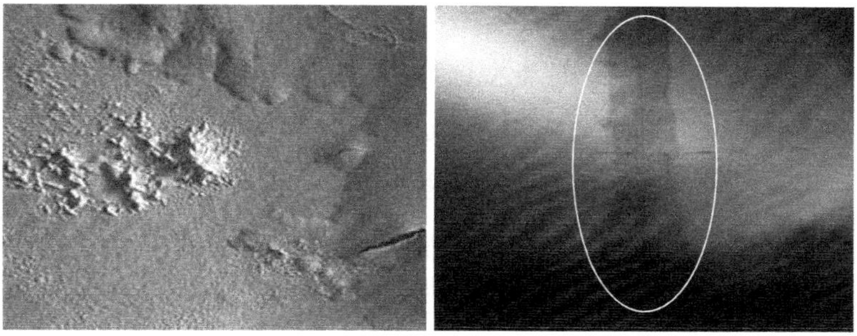

图3.4-14　墙面渗漏情况

2. 原因分析

根据该住宅建筑地下室内外现状，结合工程设计、施工具体情况，工程技术人员对该渗漏产生的原因作出如下分析：

（1）该住宅地下室外墙防水层设计采用SBS改性沥青防水卷材（设计防水构造见图3.4-15），无耐根穿刺性能指标要求，施工中也仅采用了普通SBS防水卷材；后期地面绿化，未考虑大型乔木发达的根系对防水卷材的穿透破坏作用，这是造成该渗漏问题发生的主要原因（图3.4-16）。

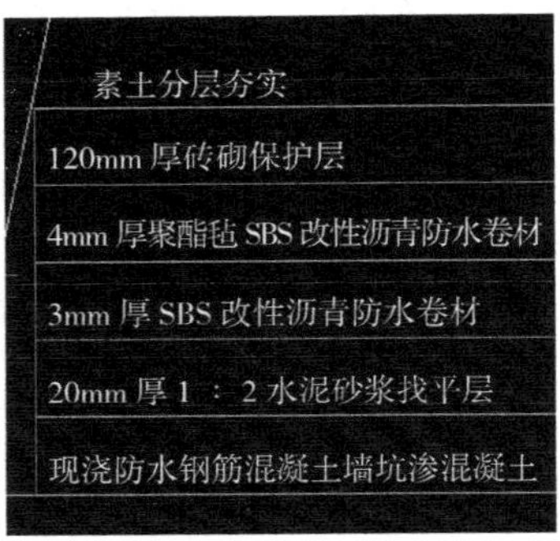

图3.4-15 设计防水构造

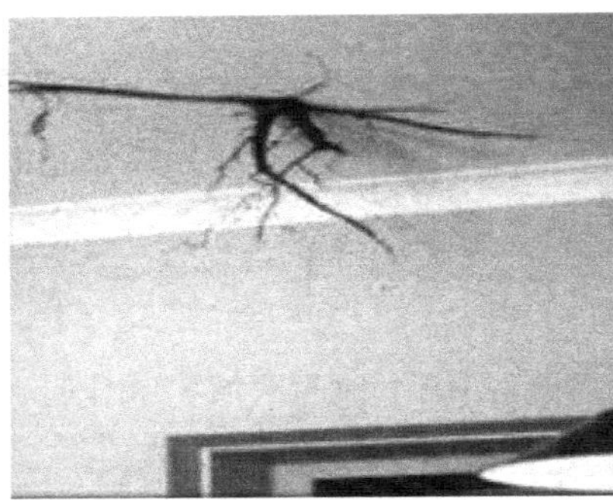

图3.4-16 植物根系具有超强穿透力

（2）该渗漏位于地下室地下一层北侧外墙。经参加该工程施工的技术人员回忆，因抢工期地下室外墙拆模较早，且拆模后未及时进行覆盖保湿养护。根据以上情况分析，混凝土早期失水过快产生干缩变形和受温差作用影响产生收缩变形，造成混凝土墙体出现无规则裂缝，这些裂缝成为后期外墙渗漏水的通道，这是该渗漏产生的次要原因。

3. 维修方案制定

根据上述原因分析，为保证渗漏维修效果，拟采取以下维修处理方案：

（1）从地下室外侧恢复已破坏的防水卷材，从内侧高压注浆封堵混凝土裂缝。

（2）将室外靠近地下室外墙的乔木全部移除，防止其根系对其他部位的防水层再次产生破坏。

4. 维修处理过程

（1）主要材料及机具

聚氨酯注浆液、电锤、注浆机、ϕ13mm 注浆嘴、T 形手动扳手、ϕ14mm 钻头、防潮腻子、SBS 防水卷材、聚合物水泥防水砂浆、粉煤灰砖、挖掘机、抹刀等。

（2）工艺流程

清理树木根系→恢复外墙防水卷材→恢复砖砌体保护层→土方回填→内侧基层处理→压力注浆→封孔及抹压防水砂浆→内墙面处理。

具体维修过程：

①清理地下室外侧土和乔木：对靠近渗漏处外墙区域的种植土（局部）、乔木进行清理。

②恢复外墙防水卷材：拆除砖保护墙，找出防水卷材破损点，对基层进行处理后，采用原设计防水卷材进行防水层恢复（注意：与原防水卷材的搭接宽度不得小于 100mm）。

③恢复防水保护墙：防水层外侧采用 120mm 宽粉煤灰砖砌筑。

④土方回填：对已开挖的区域进行土方分层回填，保证回填土夯填密实，压实系数不得低于 0.94。

⑤内侧基层处理：对渗漏处墙面进行清理，用清水冲洗干净，观察裂缝长度、宽度及范围。

⑥压力注浆：在渗漏范围墙表面均匀布置灌浆孔，钻孔间接为 200~300mm，钻孔深度为结构墙厚的 1/2，孔径为 14mm，清孔固定注浆嘴并拧紧，清缝后清理墙面，刮涂聚合物水泥防水砂浆封缝后注浆，具体注浆范围可根据现场实际情况进行调整（图 3.4−17）。

⑦封孔及表面处理：待内部浆液固化后，拆除注浆嘴，采用聚合物水泥防水砂浆封闭注浆口并分层抹压找平。

⑧恢复表面粉刷层。

5. 维修效果及成本

（1）维修效果

该渗漏处理完毕 1 年后，经过回访得知，采用此方案处理的地下室外墙后期未再出现渗漏问题，得到了物业单位和业主的一致认可（图 3.4−18）。

（2）维修成本

经统计，该小区地下室外墙渗漏数量为 1 处，总费用为 2977 元，具体费用明细如下：

图3.4-17　注浆后示意图片

图3.4-18　维修后图片

费用名称	材料名称	数量	单价（元）	合计（元）
人工费	—	4 工日	220	880
材料费	防水卷材（3mm+4mm）	$3m^2$	60	180
	粉煤灰砖砌体	$3m^3$	19	57
	聚氨酯注浆液	0.3 桶	500	150
	注浆嘴	20 个	1.5	30
	聚合物水泥防水砂浆	20kg	10	200
	防潮腻子	1 袋	80	80
其他费用	挖掘机台班、树木迁移、回填土恢复等	1400		1400
合计				2977

6. 施工防控建议

（1）在地下室外墙附近尽量减少大型乔木种植，避免乔木根系损坏防水卷材。确需种植的，外墙防水层应优先选用具有耐根穿刺性能卷材。

（2）地下室外墙混凝土施工时，应加强拆模后的覆盖保湿养护工作，控制墙表面相对湿度，防止早期失水过快，出现干缩裂缝。

（3）地下室混凝土外墙一旦出现裂缝，应当将裂缝处理完成后再进行防水施工。

3.4.5　实例05：地下室柔性套管穿墙管道根部渗漏

该住宅建筑于 2013 年 5 月开工，地下 2 层，地上 22 层（裙房 2 层），建筑总高度 66.85m，总建筑面积 52321.73m^2，其中地上建筑面积为 38308.96m^2，地下室车库面积为 14012.77m^2。基础采用独立基础 + 条形基础 + 抗水板基础形式，为框架—剪力墙结构；地下室外墙管道设置柔性法兰防水套管，外墙防水层采用两道 SBS 卷材设防。工程于 2015 年 6 月底竣工，全装修交付。

1. 问题描述

渗漏发生时间为 2018 年 8 月，物业单位的维保人员在现场巡查过程中，发现地下二层设备机房内穿外墙管道套管处渗漏。经赶到现场的建设、施工技术人员仔细察看，渗漏主要发生在套管与管道外壁之间的封堵区域，套管下部混凝土墙体局部也有少量明水不断渗出。渗漏处墙面出现明显洇湿现象，地面存有少量积水（图 3.4-19）。

2. 原因分析

根据现场查勘，结合工程施工实践经验，初步判断发生该渗漏的原因主要有以下几点：

（1）地下水通过外墙渗入室内，说明地下室外防水层已经出现失效情况，鉴于卷材防水存在内部蹿水现象，故该防水失效可能来自卷材接缝或卷材在管道收头等处，这是产生该渗漏的主要原因。

图3.4-19　穿外墙管道根部渗漏

（2）从地下室内侧观察，柔性套管与管道之间有水渗出，说明套管与管道间防水密封措施已经失效。造成上述失效的原因，一是用于防水的橡胶密封圈老化、局部变形扭曲，二是管道外壁和套管内壁发生锈蚀起皮，在密封圈与管壁间形成渗水通道，这是产生该渗漏的次要原因。

（3）套管下部内侧混凝土区域也有明显地下水渗出，可以判断套管周围混凝土存在渗水通道。施工时，套管周围混凝土不易振捣密实，特别是套管下部混凝土局部下沉和收缩，更容易出现微小裂隙，这些小裂隙成为外部水源进入墙体内部的渗漏通道，这是该渗漏发生的另一个原因。

3. 维修方案制定

根据上述原因分析，结合该住宅建筑实际情况，现场制定以下维修处理方案：

从解决矛盾角度说，该渗漏的处理应当首先从引起渗漏的主要原因——外防水层维修做起，但考虑到室外回填土沉降已基本稳定，渗漏管道埋置深度也较大，为缩短维修时间、降低维修成本，拟对地下室穿墙管道内侧渗漏区域进行修补堵漏。

（1）在柔性防水套管与管道之间更换新的橡胶密封圈。

（2）对套管周围混凝土，因存在明显的渗水裂缝，采取凿缝填塞速凝防水材料加涂抹防水砂浆的维修方法。柔性防水套管材料及构造详图见图 3.4-20。

材料表

序号	名称	数量	材料	备注
1	法兰套管	1	Q235–A	焊接件
2	密封圈Ⅰ型	2	橡胶	
	密封圈Ⅱ型	1	橡胶	
3	法兰压盖	1	Q235–A	焊接件
4	螺柱	n	4.8	GB897–88A
5	螺母	n	4	GB/T41–2000

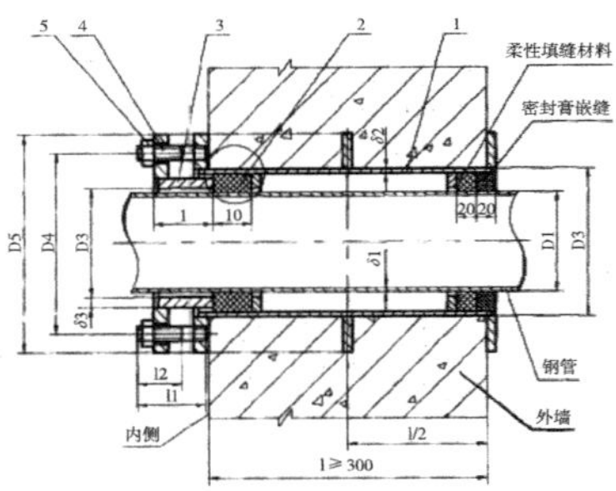

图 3.4-20　柔性防水套管材料及构造

4. 维修处理过程

（1）主要材料及机具

配套橡胶密封圈（Ⅰ型）、堵漏剂、水泥基渗透结晶型防水涂料、防潮腻子、扳手、钢丝刷、凿子、手锤、抹刀、滚刷、毛刷等。

（2）具体维修过程：

①打开法兰压盖将套管内壁与管道外壁之间的橡胶密封圈

取出，用钢丝刷将内部的铁锈、锈皮和杂物清理干净，并涂刷防锈漆。

②更换新的橡胶密封圈，盖好法兰压盖后，拧紧螺母。

③将管道周围墙面腻子清除干净，清理基层，沿渗水裂缝剔成“U”形凹槽（深度宜为 30~40mm，宽度宜为 40~50mm），用水冲刷干净，填塞堵漏剂速凝防水材料并挤密压实（表面低于墙面 15mm 左右），检查无渗水后涂布水泥基渗透结晶型防水涂料，分层抹压聚合物水泥防水砂浆。

④恢复管道周边防潮腻子。

5. 维修效果及成本

（1）维修效果

渗漏处处理完毕后，经回访未再发现出现类似渗漏问题。

（2）维修成本

经统计，该处渗漏问题维修的总费用为 915 元，具体费用明细如下：

费用名称	材料名称	数量	单价（元）	合计（元）
人工费	—	2 工日	220	440
材料费	密封圈	2 个	20	40
	堵漏剂	1 箱	75	75
	防潮腻子	1 袋	80	80
	聚合物水泥防水砂浆	5kg	10	50
	水泥基渗透结晶型防水涂料	1 桶	230	230
合计				915

6. 施工防控建议

（1）抗震设防地区或管道穿墙处承受振动或自身伸缩变形较大的地下室外墙，使用的防水套管建议使用柔性防水套管。

（2）柔性防水套管使用的密封圈应与所穿管道配套（亦可采用遇水膨胀止水条替代密封圈），且完整无变形，封闭法兰压盖前应清理套管内的杂物或补刷防锈漆。

（3）防水套管在外墙钢筋网架中的固定务必准确、稳固，地下室混凝土浇筑期间务必加强在套管周边的振捣。

（4）回填土期间应采取有效保护措施，尽量避免扰动防水套管。

（5）解决地下室渗漏的重点是做好地下室外防水施工质量，而卷材防水的接缝、收头等施工质量是确保外防水质量的关键。

下篇
开裂维修做法

第 4 章　开裂维修做法综述

谈起住宅建筑裂缝问题，大家并不陌生，因为我们在日常生活中经常听到见到，比如房间顶棚开裂、地面开裂、墙体抹灰开裂等。本篇对日常生活中常见的 6 个住宅建筑开裂部位，共 17 个开裂维修做法进行了详细阐述。住宅建筑裂缝宏观分类（“荷载”开裂、“间接作用”开裂）及其产生机理，我们在上篇“渗漏开裂分析”中已讨论，这里不再赘述。作为维修或防治裂缝工作的需求，仅仅将裂缝从宏观上进行分类是远远不够的，必须根据裂缝产生的不同条件进行相对细致的分类，并对每类裂缝的形态、性质和可能带来的后果作出进一步阐述，以满足读者在日常生活、工作中遇到各类不同裂缝时，对裂缝问题作出较准确的分析和判断，从而选取合理有效的维修方法，科学制定相关的施工防控措施。

4.1　裂缝的种类、形态和特点

我们已经知道，裂缝的产生从本质上说就是外界因素“作用”

在构件内引起的内应力大于该构件抗裂应力，构件发生开裂形成裂缝。从裂缝形成的机理看，裂缝是否发生，主要取决于三个因素，一是否有外界因素“作用”影响，二是构件变形受到约束，三是构件抗裂能力大小。“作用”和约束的存在使构件产生内力，内力在构件内产生内应力，内应力和抗裂应力的大小决定构件是否发生开裂。显然，研究构件裂缝问题，应从内应力产生的条件、大小和构件抵抗开裂能力即抗裂应力入手。实际上，正是因为内应力产生因素、构件尺寸、材料种类繁杂多样，构件周边及内部“构造”千差万别，日常生活工作中才出现各种不同裂缝。那么，在通常条件下，我们会遇到哪些裂缝呢?

1. 荷载裂缝

所谓荷载裂缝，就是构件的内应力是由“荷载”因素引起的。我们知道，能引起内应力的“荷载”效应非常多，常见有弯矩、剪力、轴力等，其产生的裂缝可分别称为弯曲裂缝、剪切裂缝和截面受拉裂缝等。

（1）弯曲裂缝

对于受弯构件来说，当受到较大荷载作用，或当构件截面尺寸和材料强度不足，构件都有可能产生弯曲裂缝。弯曲裂缝一般会首先出现在受弯构件的受拉区（即弯矩最大处，具体在构件跨中或支座边缘附近），逐步向受压区延伸，裂缝呈现出由大变小形态。

（2）剪切裂缝

剪切裂缝的产生，是由于构件受到很大剪力作用（实际上还受剪跨比、轴压比等诸多因素影响）或构件抗剪能力（抗裂应力）不足时，构件就有可能产生剪切裂缝。剪切破坏并不像弯曲破坏那样具有一定的延性，它是一种脆性破坏，因此住宅建筑的设计和施工中，通过提高构件抗剪承载力，增强构件抗剪能力，避免出现剪切裂缝，这里不再进行详细讨论。

（3）截面受拉裂缝

构件受到轴心受拉或偏心受拉，其产生的内拉应力超过构件抗裂应力即材料抗拉强度，构件就会产生截面受拉裂缝。因这种裂缝一般只出现在截面受拉构件中，常见的结构中除砌体结构墙梁、拱形结构弦杆、部分框支剪力墙结构中的框支梁、混凝土结构中的吊挂梁等构件外，较少见到此类构件，所以这里也不再对截面受拉裂缝进行探讨。

荷载裂缝一旦出现，一般会对构件的承载力和刚度造成影响，所以对荷载裂缝进行处理应当采取加固补强的维修方案。

2. 变形裂缝

变形裂缝是常见裂缝，人们在日常生活、工作中看到的裂缝，绝大多数都是变形裂缝。变形裂缝顾名思义，就是由于构件变形引起的，但是注意这里的变形其因素来自“间接作用”，常见有材料干缩、温差作用、沉降作用等，相应作用产生的裂缝分别称为干缩裂缝、温度裂缝和沉降裂缝。

变形裂缝与荷载裂缝其产生机理是一致的，都是构件在“荷载”或“间接作用”下的变形受到约束制约产生内应力，当内应力大于构件抗裂应力时发生开裂。但是从内应力产生的条件是否可见来看，它们还是有稍微区别的。引起荷载裂缝的荷载种类、分布和支座位置、构造都是“显”性的，而引起变形裂缝的干缩、温差、沉降作用和多数约束都是“隐”性的，所以评判裂缝出现的部位、形态和走向，变形裂缝较荷载裂缝更加困难，比如构件在“间接作用”下产生了变形，该变形受到周围其他构件或部位的约束而产生内力，因变形的大小与分布、约束的强弱与分布不同，施加于构件内力的大小与分布也不同（牛顿第三运动定律），这是造成变形裂缝在构件上的分布及形态变化多样的主要原因之一（变形裂缝的分布和形态除与构件变形和受到约束有关外，还与构件自身抵抗能力有关），显然变形裂缝的产生较荷载裂缝更为复杂。

变形裂缝还有一个最大特点，就是引起变形裂缝的因素具有自然属性，“人为”方式无法改变。所以从产生的根源来说，变形裂缝难以避免，它会同我们日常生活相伴而行，但是通过采取科学防治方法和有针对性施工措施，我们就能够减少变形裂缝出现的频次和降低变形裂缝开裂的程度，这也是研究变形裂缝的真正目的。

（1）干缩裂缝

干缩裂缝的产生，首要前提是构件发生干缩变形。当构件内部水分因蒸发产生体积收缩，即发生干缩现象。显然，构件保湿养护不到位、构件周边环境温度高、湿度低和空气流动快，都会引起构件水分蒸发加快，相应构件发生干缩变形也大。干缩变形的发生，是由表及里的发展过程，构件外侧水分首先蒸发，逐步发展到构件内部；干缩变形（自由水蒸发）早期发展较慢，后期随失水量增加（吸附水蒸发）发展较快。构件干缩后遇湿又会膨胀，蒸发脱水后再次发生干缩变形，但其变形值较小。干缩变形引起的干缩裂缝从表裂到深裂发展，直至变形引发的内应力小于构件抗裂应力为止。

干缩裂缝的产生，除构件需要发生干缩变形外，还需要受到周围其他构件或其他部位的约束作用，约束的形式、分布和强弱不同，裂缝形成的部位和形态也不同。比如，对于长度较大的现浇梁构件，干缩变形受到梁内钢筋、梁顶现浇楼板的“线”型和内部变形不协调约束，当内力“积累”到足够大时就会在梁内最薄弱处（抗裂应力最小）逐步开裂，比如梁首先出现顺箍筋走向表面小裂缝（箍筋处保护层厚度较小），其次随干缩变形继续发生，在梁其他薄弱处陆续出现深层裂缝；当梁抗裂应力分布相对均匀时，内拉应力引发的较深裂缝一般先出现在梁侧跨中位置，并引起变形区域重新调整，随着干缩变形的不断发生，调整后的各区域逐步开裂，最后裂缝沿梁长度方向呈现等间距分布，裂缝与梁高方向平行，从梁侧中沿梁高向上、下发展，在板底以下、梁底纵筋以上附近结束，缝宽一般是中间大、上下小（梁截面高度较大时，梁中间腹部缝较宽，主要是干缩变形大且受到上下部板、纵筋阻滞作用），深度由表及里发展；对于厚度较小的板类构件，由于受到板内钢筋和周围梁类构件的“线”约束，首先在板钢筋保护层局部较薄、抗裂应力较小处出现顺筋表层裂缝，随变形不断发生，后期裂缝一般会沿板长边方向等距分布，方向与短边平行，形态为中间大两边小（剪力墙与板干缩裂缝分布与形态类同），其角部因同时受到两个方向梁类构件的约束，一般会出现45°方向斜裂缝；对于构件抹灰层来说，其约束主要来自自身变形不协调和基层的粘结作用，属于“面”型约束，产生干缩变形时将“处处受限”，造成抹灰层要么出现数道开裂要么出现无规则龟裂。因篇幅所限，这里不再一一举例。

（2）温度裂缝

温度裂缝的产生，是由于温度变化引起的，具体说就是温差因素引起的构件变形。任何材料都具有热胀冷缩特性，当温度升高时构件体积膨胀，温度降低时构件体积收缩。不同构件之间，因材料品种差异在相同温差作用下其胀缩量也不一样（线膨胀系数不同），所以说构件产生的温度变形，不仅与温差大小有关，还与构件材料品种有关。

大部分温度裂缝与干缩裂缝产生的条件类似，就是构件变形后需要受到周围其他构件或部位的约束作用，其形成裂缝的部位和形态也与干缩裂缝类似，这里不再详细分析与叙述。但有个别情况温度裂缝与干缩裂缝略有不同，就是引起温度裂缝的温差可能由外界气温因素产生，也可能由构件自身不同部位之间产生，比如大体积混凝土构件施工时，其内部因水泥水化产生的温度非常高（60~80℃），引起内部混凝土体积膨胀，构件外部混凝土因变形小约束内部混凝土膨胀而产生拉应力，形成温度裂缝。

（3）沉降裂缝

沉降裂缝的产生，主要是由于住宅建筑地基不均匀沉降及构件之间相互约束，造成构件之间或各部位之间变形不协调存在位移差，在构件内产生了拉应力或剪应力。实际上，正常施工条件下任何房屋地基都会或多或少产生一些不均匀沉降，但大多数沉降因房屋整体刚度较大，引发的沉降裂缝比较小。但遇到地基抗剪强度、变形模量小的高压缩性土，基底附加应力大小差别较大，房屋长高比较大整体刚度较小等情况，一般会发生较大房屋不均匀沉降，可能出现较明显的沉降裂缝，对此应引起高度重视。因地基变形引发的沉降裂缝，多出现在住宅建筑底部区域（门窗洞口居多），裂缝表现为竖斜向发展（与裂缝长度相垂直的方向为沉降差较大部位），上宽下窄，形态以“八”字缝为主，个别部位出现水平缝、垂直缝（裂缝走向除与沉降因素有关外，还与构件抗裂应力有关）。

还有一种施工过程中出现的沉降裂缝，就是混凝土浇筑后不久（一般在 30min~6h）在板面沿钢筋走向出现的纵横交叉裂缝。引发该裂缝的主要原因是混凝土振捣过程在形成强度之前，粗骨料下沉，挤出水分、空气，表面出现泌水，上部形成砂浆层构件竖向发生体积收缩沉落，该沉落受到钢筋、预埋件等阻碍，使得构件内各部分相互沉降量不同而引发裂缝（实际上失水干缩也是重要原因之一）。该裂缝出现在混凝土施工早期，通过混凝土初凝前的二次振捣和人工拍打振实，可以予以消除。

变形裂缝对构件性能带来的影响，应当根据实际情况具体分析，一般而言它不会对构件承载力和刚度造成影响，但是对构件外观和耐久性会有一定影响，因此对变形裂缝进行维修，大多数情况下应以封闭补裂为主要目的。

3. 缺陷裂缝

所谓缺陷裂缝，就是“组合”构件（如叠合梁、叠合板等）在制作或形成过程中，各组成部分之间存在连接“薄弱”区域，造成构件整体上的“不完整”，构件在结构中受力或产生变形后，在连接区域可能出现的裂缝。缺陷裂缝产生的条件，一是构件内部存在原始性的制作缺陷，二是构件在结构中受到较大力作用或变形影响。“组合”构件原始性制作缺陷来源复杂，如界面处理、箍筋配置、钢筋连接、栓钉设置、混凝土浇捣不到位，安装轴线偏移，混凝土初凝后模板位移等，都可能形成原始制作缺陷。缺陷裂缝产生的机理，就是构件受力时各组成部分在交界面上产生纵向剪切力，当界面粘结强度不足或抗剪构造措施不到位引起抗剪能力不足时，会在界面上产生剪切滑移，初期表现为内部微小裂缝，随构件承载和变形的增加，裂缝逐渐增多，开裂区域不断扩展，当构件承载和变形达到足够大后，在构件各组成部分之间出现宏观开裂，即形成缺陷裂缝。从以上分析得知，缺陷裂缝发生在构件组成部分连接区域，其走向大部分是沿各部分之间接缝方向（当在交界面设置栓钉等刚性抗剪件时，也可能在抗剪件周围出现裂缝），形态一般是贯穿性裂缝。构件一旦形成缺陷裂缝，受力时各组成部分之间会产生“轻微”滑移（即发生剪切粘结破坏），构件内部出现变形不协调情况，不仅造成构件整体承载力下降而且会引起构件刚度变化，在实际工作中应给予高度重视。缺陷裂缝可能出现的构件主要有：装配整体式混凝土结构中的预制混凝土构件与现浇混凝土组合构件，钢—混凝土组合结构中的钢骨混凝土构件，现浇混凝土结构中的施工缝处理不当的构件等。实际住宅建筑工程中缺陷裂缝极为少见，一旦出现应当对裂缝区域进行加固补强。

4.“疲劳”裂缝

在日常生活中偶尔会遇到这样一些裂缝，经常遭受水浸的住宅建筑混凝土构件或砂浆保护层，在某些外界条件长期反复变化影响下，比如冻融、干湿交替循环作用等，自身会发生开裂，严重时甚至会产生表面酥松脱落现象。这种裂缝产生的原因与上述讨论过的裂缝有所不同，它不但与内应力和材料强度有关，而且与不断的反复作用有关。冻融、干湿作用在构件毛细孔内产生冻胀、湿胀、干缩等现象而产生微变形，该变形受到周围变形不协调约束而产生内应力，当内应力足够大时就会在构件抗裂应力最小处发生微小开裂，在冻融、干湿交替循环引起的重复作用下，材料发生反复形变，内部损伤不断积累，微裂缝逐渐增多、扩展延伸、相互连通，微裂缝逐步发展成为宏观裂缝，且呈现出无规则龟裂状态。显然，阻断水分子进入构件毛细孔内是防止出现该裂缝的主要途径，它的产生原因较其他裂缝更为复杂，而且经历时间较长（如冻融、干湿循环作用引起开裂破坏可能需要经历几年时间），鉴于日常生活中这种裂缝不是很常见，故本书不再进行深入探讨。

4.2　裂缝维修方案的制定

住宅建筑裂缝的维修工作，关键是要对症下药。在裂缝维修前，首先要根据裂缝出现部位、形态、走向、深度等，分析判断裂缝的性质，必要时应委托有资质的检测鉴定单位实施检测鉴定。一般来说，对于影响结构安全的重要结构构件出现的裂缝，应当由有资质的鉴定单位或设计单位出具包含裂缝性质分析、构件承载力和刚度核算、裂缝维修处理方法等内容的鉴定分析报告；对于一般结构构件（如水平受弯构件）和填充墙、轻质板墙等非结构构件的裂缝，可由维修单位出具维修方案，经建设单位审批同意后实施维修。

4.3　裂缝维修方法的选取

裂缝的维修工作应当严格按照批准的维修方案进行。一般来说，对于涉及影响结构承载力和刚度的裂缝，应当由有资质的施工单位根据设计维修处理意见进行结构加固补强；对于不影响承载力和刚度的结构构件裂缝，可根据缝宽、缝深大小，分别选择注浆封闭、割“V”形槽嵌缝、表面粘贴碳纤维布或耐碱玻纤网格布涂刮聚合物水泥砂浆、环氧树脂砂浆等维修方法，建议优先选用环氧基或无收缩水泥基灌浆材料进行注浆；对于非结构构件和装饰层裂缝，一般采用粘贴织布涂抹聚合物水泥砂浆的方法即可。

4.4　裂缝控制的主要方法

对于住宅建筑来说,受各种不同变形因素和材料性质影响，完全避免裂缝出现是无法实现的。实质上，许多结构构件都是带“缝”工作的，比如受弯构件的受拉区，在承载过程中一直存在微小裂缝，只是用肉眼无法观察到而已。通过采取科学防治方法和相关设计、施工措施，减少裂缝出现频次和降低裂缝开裂程度还是能够实现的。

通过开裂产生机理分析，我们已经知道构件发生开裂需要具备三要素，即变形、约束和抗裂应力，变形和约束产生内应力，内应力大小与抗裂应力高低决定是否发生开裂，所以控制裂缝就要从控制构件内应力和抗裂应力两个大方向出发，有针对性地制定各项措施，实施科学综合治理。

1. 减小构件内应力或峰值主要措施

（1）降低构件变形的措施有：减少构件上的活动荷载，避免出现大的集中荷载，降低混凝土水胶比，降低骨料含泥量，提高混凝土粗骨料含量，做好湿作业构件保湿养护，减小环境温差，采用分层、分段、跳仓法施工，留置后浇带和分格缝等。

（2）减少构件周边约束措施有：设置隔离层、分格缝、变形缝、后浇带等。

（3）均布约束主要措施有：界面凿毛，喷涂界面处理剂、设置抗裂钢筋网（具有一定刚度）等。

（4）减少应力集中主要措施有：构件尖角采用圆弧过渡，基层进行平整处理，截面突变处设置分格缝等。

2. 提高构件抗裂应力的主要措施有：提高材料自身抗拉强度，混凝土与砂浆保湿养护，构件内部掺加纤维抗拉材料，敷设抗裂钢筋（丝）网、网格布和粘贴各类抗裂材料等

以上控制裂缝措施主要是从减少构件开裂理论角度出发进行列举，而实际工作中因受到许多条件限制，一些措施是无法采纳和实现的，比如还是以减少地下室剪力墙开裂举例，显然通过减少剪力墙周边或内部约束来降低内应力是无法实现的，因为目前无论从混凝土浇筑施工工艺还是从剪力墙受力特点而言，都没有减少约束的构造做法（分段浇筑和留置后浇带做法除外）。从措施的有效、实用、经济性出发，减少地下室剪力墙开裂主要措施可做如下排序：混凝土保湿养护、混凝土分段浇筑、留置后浇带、剪力墙采用细密受力钢筋、附加抗裂钢筋和后浇带采用补偿收缩混凝土等。所以遇到控制裂缝问题要具体问题具体分析，依据构件开裂产生机理，结合工程或问题实际，在施工和维修工作中作出正确选择，同时要多措并举，综合施策，使裂缝控制工作达到最佳效果。

第 5 章　开裂维修实例

5.1　内墙开裂维修

5.1.1　实例01：砌体墙抹灰层开裂

该住宅建筑于 2015 年 8 月开工建设，地下 1 层，地上 18 层，层高 2.9m，总建筑面积 12000m^2，建筑总高度为 57.15m，为现浇混凝土框架—剪力墙结构，设计采用机械钻孔灌注桩（端承桩），桩端持力层为强风化岩层，梁筏基础，内墙采用 DM M5 预拌砂浆砌筑 A3.5 B06 蒸压加气混凝土砌块，DP M15 预拌砂浆墙面抹灰，内墙腻子涂料罩面。工程竣工时间为 2017 年 7 月。

1. 问题描述

开裂发生时间为 2018 年 1 月。根据现场观察，裂缝主要出现在砌体填充墙体与承重主体结构构件交界处，呈竖向垂直方向分布（图 5.1-1）；还有一条裂缝竖向穿过墙体预留线盒，局部呈 45° 斜向分布（图 5.1-2），经了解此处裂缝正好位于施工临时洞口边缘。裂缝宽度为 0.5~1mm，长短不一。

图5.1-1　填充墙与构件交界处裂缝

图5.1-2　施工临时洞口边缘处裂缝

2. 原因分析

针对该裂缝出现的部位、分布形态，结合工程实际施工情况，技术人员作出如下原因分析：

（1）填充墙体与承重主体结构构件交界处裂缝，为住宅建筑抹灰内墙面常见裂缝，该裂缝出现的原因，一是该住宅填充墙体为蒸压加气混凝土砌块与预拌砂浆砌筑，因砌块供应紧缺加上工期紧，砌块上墙时养护龄期不足，含水率较高，交工后的1月份，正是供暖室温高的时期，室温高引起墙体水分蒸发加快，填充墙砌体及抹灰层干缩变形较大而产生内拉应力，温差作用引发材料胀缩变形，因墙砌体与承重混凝土结构材料不同，其线膨胀系数大小不一致，变形大小不一且不协调，在两种材料交界处也会产生内应力，当干缩和温差共同作用（主要是干缩作用）产生的内应力大于交界处材料抗裂应力时，就会产生裂缝，这是此处出现裂缝的主要原因；二是在两种材料交界处的灰缝砂浆嵌填不饱满，砌块与砂浆间粘结面积不足，墙体在该处产生的局部拉应力明显增高，嵌填砂浆保湿养护不到位，粘结强度降低，抗裂应力下降，这是引起该裂缝次要原因。

（2）墙体预埋线盒侧边处竖向裂缝产生的主要原因，一是补砌预留临时施工洞口时，新旧砌体未按要求提前喷洒水湿润，砌筑砂浆失水后水泥水化不充分，粘结强度下降；二是洞口边缘未留设拉结钢筋，砌筑砂浆填塞不饱满，新旧砌体之间粘结有效面积减少，粘结力下降。上述共同原因造成临时洞口边缘接槎处抗裂应力不足，当该墙体内应力大于洞口边缘处砌体和抹灰层抗裂应力时，墙面就出现了开裂现象。

3. 维修方案制定

根据上述原因分析，技术人员采用在裂缝处增贴耐碱玻纤网格布，提高饰面层抗裂应力，加强饰面层抵抗开裂能力的维修方法。

4. 维修处理过程

（1）主要材料及机具

割槽机、磨光机、耐碱玻纤网格布、白乳胶、粉刷石膏、腻子、乳胶漆等。

（2）工艺流程

裂缝切割打磨→涂刷白乳胶→增贴耐碱玻纤网格布→粉刷石膏找平→内墙腻子乳胶漆施工（图 5.1-3~ 图 5.1-12）。

图5.1-3　裂缝处理前情况

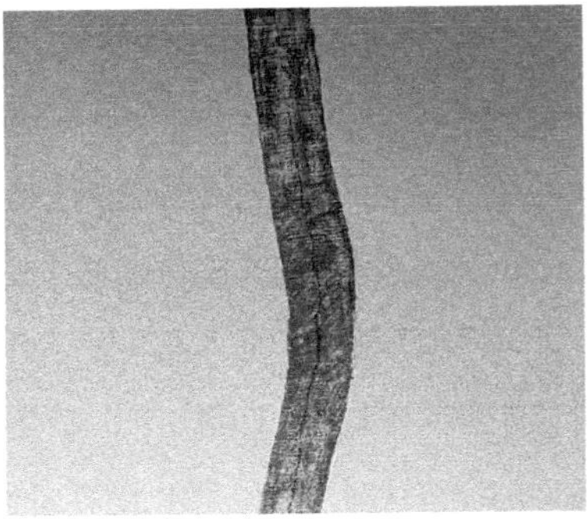

图5.1-4　铲掉乳胶漆和腻子

图5.1-5　割槽机割槽

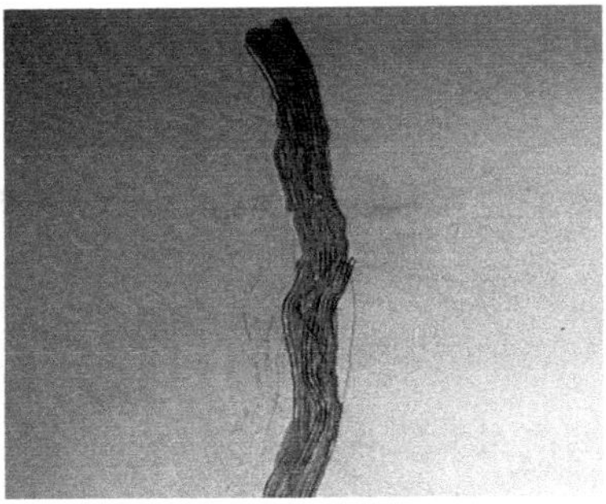

图5.1-6　墙面割槽宽不小于200mm

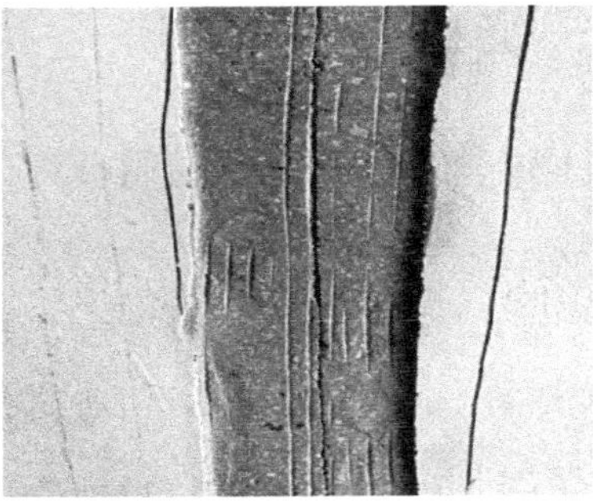

图5.1-7　缝两侧打磨宽各不小于100mm

图5.1-8　打磨部位刷胶

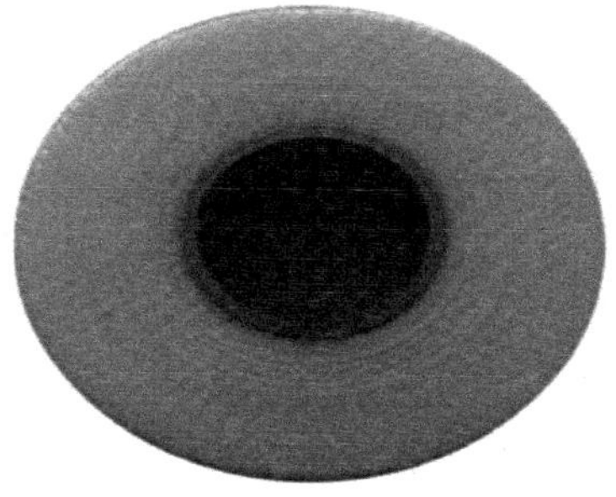

图5.1-9　宽度100mm耐碱玻纤网格布

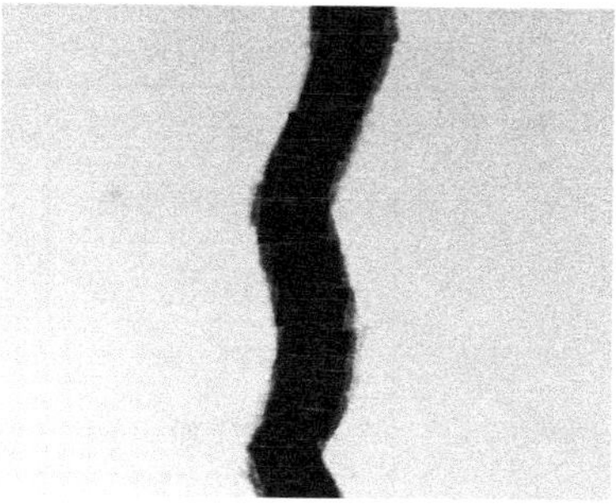

图5.1-10　垂直裂缝方向粘贴网格布

图5.1-11　粉刷石膏抹平

图5.1-12　腻子和乳胶漆处理

5. 维修效果及成本

（1）维修效果

该裂缝处理完毕 1 年后，经过对业主的回访得知，采用此方案处理的抹灰墙面裂缝，后期均未再出现开裂，得到了物业单位和业主的一致认可。

（2）维修成本

经统计，该住宅建筑共 9 户室内存在裂缝问题，总维修费用为 2163 元，具体费用明细如下：

费用名称	材料名称	数量	单价（元）	合计（元）
人工费	—	5 工日	200	1000
材料费	耐碱玻纤网格布	1 卷	20	20
	白乳胶	1 桶	100	100
	粉刷石膏	2 袋	15	30
	腻子粉	1 袋	25	25
	乳胶漆	1 桶	388	388
其他费用	成品保护等	1 项	600	600
合计				2163

6. 施工防控建议

（1）工程中使用的蒸压加气混凝土砌块在上墙砌筑前，其养护龄期不应少于 28d，有条件情况下建议提前进场放置 1 个月以上（砌块从饱和含水率到完全干燥状态变化过程中，前期收缩量较小，越接近干燥状态其收缩率越大），且存放期间不得淋雨，降低砌块含水率，减少自身收缩量。

（2）砌块墙体抹灰前应认真做好基层处理，一是采用喷洒设备对墙面提前进行湿润（一般需要喷水三遍，渗透深度 10~15mm），防止抹灰砂浆失水导致水化反应不充分，降低砂浆与砌块间粘结强度；二是对基层存在的凹凸不平部位和开槽部位进行嵌灰找平，以保证抹灰层厚度基本均匀一致，防止因厚度不均出现应力集中现象；三是采用涂刷方式涂抹水泥基专业界面剂，提高抹灰层与基层间附着力，减少抹灰层空鼓的产生，防止抹灰层局部应力集中而出现开裂情况。

（3）为避免或减少砌体填充墙临时施工洞口处发生开裂，建议补砌洞口施工时，将接槎部位灰尘和杂物清理干净后浇水湿润，并进行二次砂浆嵌缝，增加砌块间连接粘结力。

（4）填充墙与承重构件间的空隙留置时间不得少于 14d，减少墙与构件间彼此约束，降低荷载、干缩等变形对构件和填充墙带来的影响。采用混凝土（内掺少量膨胀剂）嵌填预留空隙应饱满密实，并做好保湿养护工作（不宜少于 14d），充分发挥其补偿收缩变形作用，降低墙体内应力。

（5）有条件的施工现场，建议填充墙砌筑完成一个月后再进行后续抹灰工序。抹灰时建议分层操作，并做好喷水保湿养护，一般不少于 7d，其目的是减少抹灰层下坠，让砂浆内水泥充分水化，增强抹灰层抗裂能力，减少饰面层不规则开裂。有条件情况下，建议在面层抹灰时满铺防碱玻纤网格布，以提高整体墙面抗裂应力。

（6）为防止抹灰层在墙体厚度变化、不同材料交界、临时洞口边缘、砌体开槽等应力变化较大处开裂，建议在抹灰层中采取设置加强网等措施，提高抹灰层抗裂能力。加强网与各基层的搭接宽度不应小于 100mm。

（7）当发生墙面抹灰层局部开裂严重需要凿除重做时，底层和面层应剔成梯形倒坡槎，饰面层应剔凿成规则形直槎；基层、底层灰及接槎处存有灰渣、灰尘等时，应清刷干净。基层和底层灰表面光滑时应凿毛处理。补抹灰前基层和底层应浇水湿润，抹灰时应涂刷界面剂，每层厚度应控制在 10mm 以内。水泥砂浆应待前层初凝后再抹次层或面层。补抹灰应牢固、严密、平整，干燥后（一般含水率不大于 10%）再做饰面层。

5.1.2 实例02：室内ALC板墙墙面开裂

该住宅建筑于 2016 年 12 月开工建设，地下 1 层，地上 7 层，总建筑面积 12819.68m^2，建筑总高度为 28.5m，结构形式为混凝土框架—剪力墙结构，基础形式为筏板基础，结构设计使用年限 50 年。室内隔墙采用蒸压加气混凝土 ALC 板墙，拼接处采用专用胶粘剂嵌抹。工程竣工时间为 2018 年 5 月。

1. 问题描述

开裂发生时间为 2018 年 10 月下旬。根据现场观察，板墙裂缝主要出现在墙体管线开槽及部分板墙拼缝处，均呈竖向分布状态（图 5.1-13）。裂缝宽度都在 1mm 以内，长短不一。

2. 原因分析

针对该裂缝出现的部位、分布形态，结合工程实际，技术人员作出如下原因分析：

（1）造成板墙拼接处开裂的主要原因：一是墙板上墙时养护龄期不足，含水率普遍较高，自身干缩变形较大，同时

图5.1-13 板墙裂缝

受环境温差影响，板墙又发生热胀冷缩变形，在干缩和温差共同作用下，墙体内部产生较大内拉应力；二是墙板上墙前，未用湿布清除板侧凹凸槽的表面粉尘，填抹专用胶粘剂不饱满，安装墙板时又未用力挤，墙板间浆料不密实，上述各环节共同造成墙板拼缝处粘结不牢、不严密，粘结强度不足，形成整体板墙抗裂薄弱部位；三是墙体在粉刷石膏前，未在板缝处加贴耐碱玻纤网格布，而石膏、腻子等装饰层抗拉强度小，墙体在板缝处整体抗裂应力过低，抵抗开裂能力不足，这是导致板缝开裂的主要原因。

（2）造成墙面管线开槽部位竖向裂缝的主要原因：一是线管开槽后材料使用混乱，未采用板墙专用补槽嵌缝剂；二是填塞补槽嵌缝剂前未清净凹槽内的粉尘，填槽材料局部粘结不牢，空鼓，材料干缩变形增大；三是开槽处漏贴耐碱玻纤网格布，补槽材料干缩应力大于板墙装饰层抗裂应力即装饰层抗拉强度导致开裂。

3. 维修方案制定

根据上述主要原因分析，采用在裂缝部位增设耐碱玻纤网格布、提高板墙装修层抗裂应力的维修方案。

4. 维修处理过程

（1）主要材料及机具

铲刀、切割机、耐碱玻纤网格布、白乳胶、专用嵌缝剂、粉刷石膏、腻子、乳胶漆等。

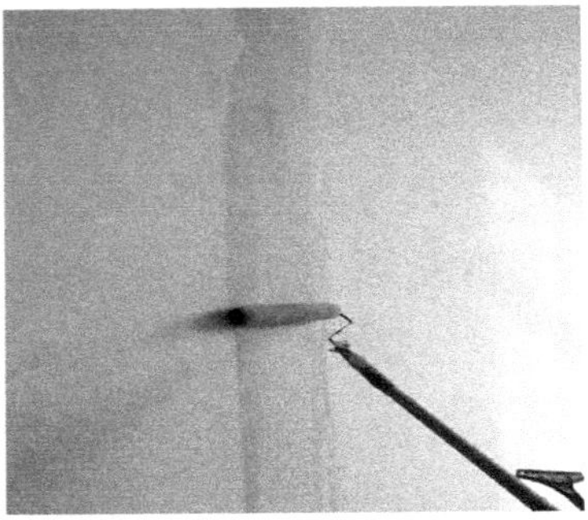

图5.1-14　滚刷清水

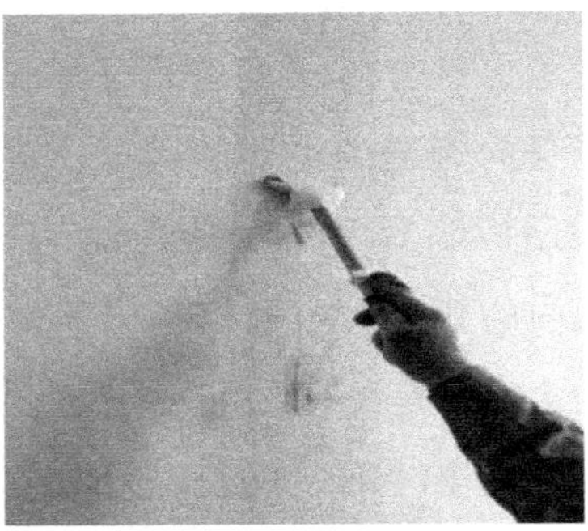

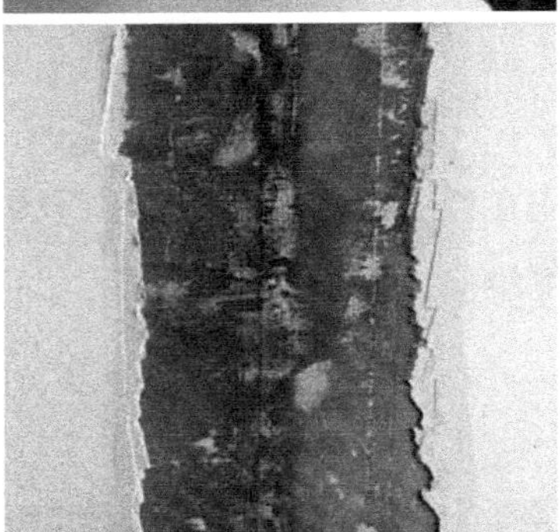

图5.1-15　铲除墙体腻子涂料

（2）工艺流程

装饰层铲除清理→裂缝切割打磨→涂刷白乳胶→嵌缝剂分层补槽补缝→增贴耐碱玻纤网格布→粉刷石膏施工→腻子找平→涂刷乳胶漆。

具体维修过程：

①首先在裂缝位置滚刷一至两遍清水，湿透饰面层（图5.1-14）。

②用专用铲刀铲除不小于200mm宽石膏腻子涂料（图5.1-15）。

③墙体开槽，宽20mm，深10mm（图5.1-16）。

④清除基层灰尘，满刷白乳胶（图5.1-17）。

⑤白乳胶未干之前采用专用嵌缝剂分层嵌缝。

⑥待第一次嵌缝剂干透后，进行第二次嵌缝（图5.1-18）。

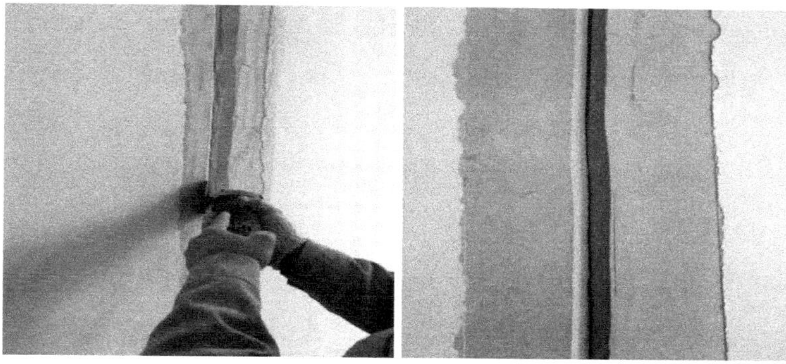

图5.1-16　墙体割槽

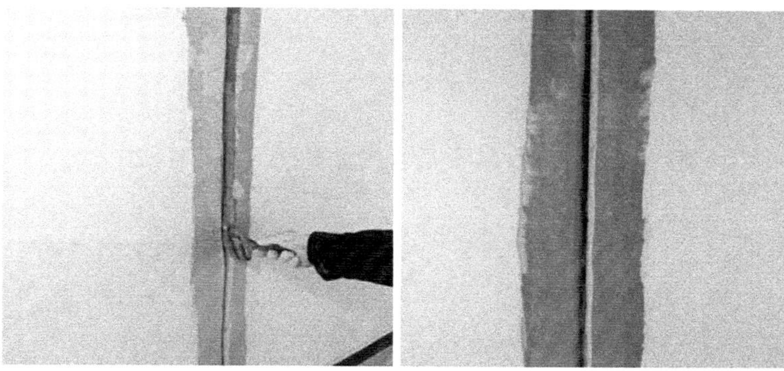

图5.1-17　基层清理与刷胶

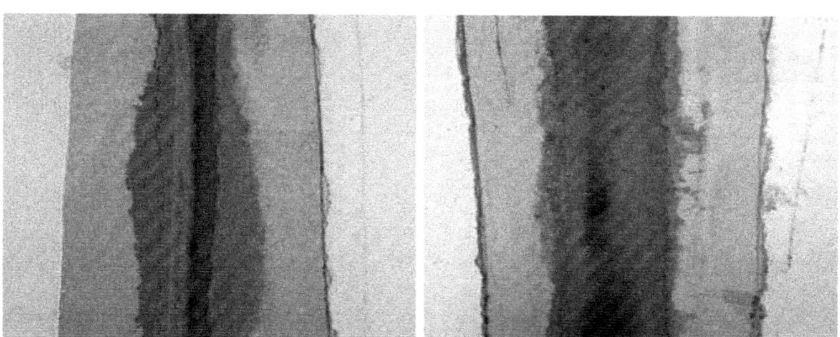

图5.1-18　第一次嵌缝与第二次嵌缝

⑦待两次嵌缝实干后涂刷白乳胶，增贴不小于 200mm 宽的耐碱玻纤网格布（图 5.1-19）。

图 5.1-19　涂刷白乳胶、增设耐碱玻纤网格布并抹面

⑧基层石膏粉刷施工。

⑨基层实干后进行腻子及乳胶漆施工（图 5.1-20）。

图5.1-20　涂抹两遍腻子并进行打磨和刷乳胶漆

5. 处理效果及成本

（1）维修效果

该裂缝处理完毕半年后，经过多次观察，采用此方法处理过的 ALC 板墙，后期均未再出现开裂，取得了较好的效果。

（2）维修成本

经统计，本小区共有 10 户出现该类问题，总费用 3536 元，具体费用明细如下：

费用名称	材料名称	数量	单价（元）	合计（元）
人工费	—	9 工日	220	1980
材料费	耐碱玻纤网格布	2 卷	20	40
	粉刷石膏	4 袋	14	56
	腻子粉	4 袋	25	100
	乳胶漆	1 桶	380	380
	白乳胶	1 桶	100	100
	嵌缝剂	2 袋	40	80
其他费用	铲刀、滚刷、成品保护等	1 项	800	800
合计				3536

6. 施工防控建议

（1）板材上墙前应当进行充分养护，降低材料含水率。ALC 板材的养护龄期一般不得低于 28d。

（2）安装板墙时，先用湿布抹除板侧凹凸槽的表面粉尘，并喷水湿润，嵌抹专用粘结材料要饱满，安装时应用力让板靠紧，使粘结材料从接缝中挤出，保证密实，提高板缝材料之间的粘结抗拉强度。

（3）装修施工前应当对基层墙面、接缝和开槽部位进行认真清理，采用专用粘结材料进行嵌填修补，保证密实平整，避免后抹装饰层局部过厚产生应力集中。不得使用普通砂浆补槽补缝，避免材料干缩过大导致产生裂缝。

（4）为提高装饰层抗裂能力，建议施工时在板缝和开槽处增贴耐碱玻纤网格布，宽度不宜小于 200mm。

（5）建议有条件情况下，板墙完成嵌补槽、缝工作后放置不少于 7d，经检查无开裂后再进行下道工序施工。

5.1.3　实例03：抹灰墙面腻子层开裂

该住宅建筑于 2016 年 8 月开工，地下 1 层，地上 5 层，层高 3.6m，建筑高度 23.66m，建筑面积为 4366m^2，主体结构形式为现浇混凝土框架结构，板筏基础；地下室至主体 2 层框架柱混凝土等级为 C35，其他构件均为 C30；该建筑填充墙墙体采用 A3.5 B06、厚度为 200mm（100mm）蒸压加气混凝土砌块及 DM M5 预拌砂浆砌筑，DP M15 预拌抹灰砂浆墙面抹灰，内墙腻子乳胶漆罩面。工程于 2017 年 10 月竣工交付使用。

1. 问题描述

开裂发生时间为 2018 年 3 月。根据现场观察，裂缝出现在房间门侧墙底部饰面层区域，呈网状不规则分布（图 5.1-21），饰面腻子层厚度较大且开裂明显，部分腻子已发生脱落现象，外露抹灰层有轻微开裂情况（图 5.1-22）。裂缝宽度都在 1mm 以内，长短不一。

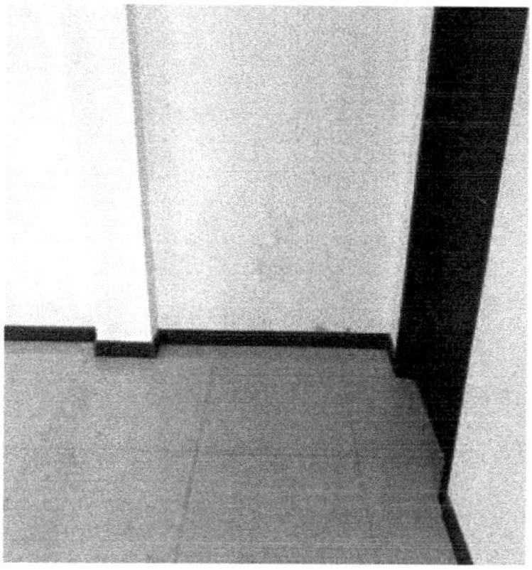

图5.1-21　墙底部饰面层有裂缝

图5.1-22　墙面腻子层脱落

2. 原因分析

针对墙饰面位置和开裂实际情况，技术人员作出如下原因分析：

该问题发生在室内门口侧墙部位。经现场有关人员回忆，因施工抢工期抹灰层完成不久即进行腻子刮抹施工。在穿堂风作用下，抹灰层和较厚的腻子层产生干缩；在冬季供暖的温差作用下，抹灰层和腻子层又发生轻微缩胀，上述原因共同造成腻子层开裂。抹灰层含水率过高，腻子与抹灰层粘结不牢是腻子层脱落的主要原因。

3. 维修方案制定

铲除开裂的饰面层，清理干净后，刮粉刷石膏找平，新刮腻子，砂纸打磨，涂刷乳胶漆。维修方案如图 5.1-23 所示。

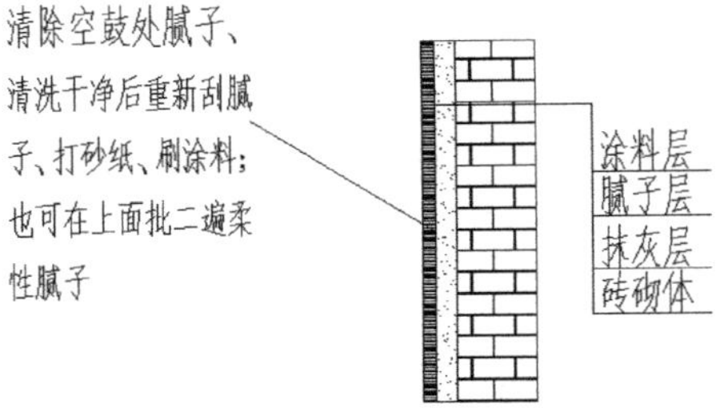

图5.1-23　维修方案

4. 维修处理过程

（1）主要材料及机具

铲刀、砂纸、粉刷石膏、腻子、乳胶漆、抹子、刮板、滚刷等。

（2）工艺流程

铲除原有饰面层→清理打磨→粉刷石膏找平→刮内墙腻子→砂纸打磨→乳胶漆施工（图 5.1-24、图 5.1-25）。

图5.1-24　清除原有饰面层

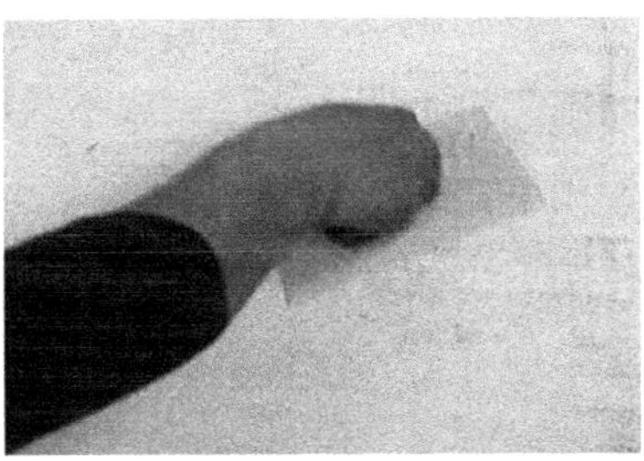
图5.1-25　刮内墙腻子

5. 维修效果及成本

（1）维修效果

该裂缝处理完毕后，经过对业主的回访得知，采用此方案处理的抹灰墙面饰面层裂缝，后期均未再出现开裂，得到了物业单位和业主的一致认可（图 5.1-26、图 5.1-27）。

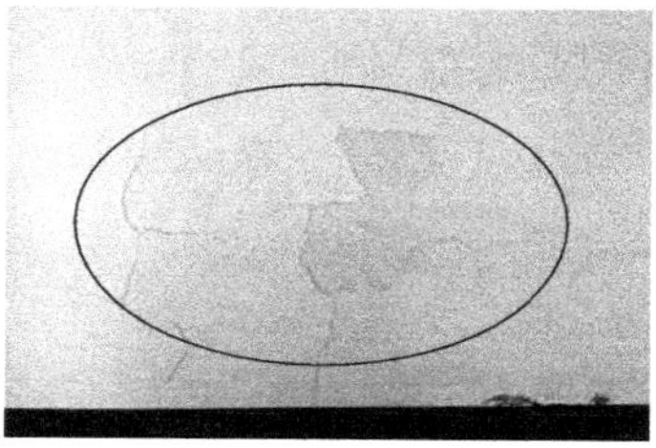

图5.1-26　维修前情况

图5.1-27　维修后效果

（2）维修成本

经统计，该处开裂问题维修总费用 499 元，具体费用明细如下：

费用名称	材料名称	数量	单价（元）	合计（元）
人工费	—	0.5 工日	220	110
材料费	石膏	1 袋	14	14
	腻子	1 袋	25	25
	乳胶漆	1 桶	150	150
其他费用	砂纸、室内恢复等	1 项	200	200
合计				499

6. 施工防控建议

（1）处理抹灰墙面开裂问题时，一旦发现抹灰层发生开裂，建议采取以下维修方法：根据裂缝的深度、方向，将其扩凿成

V 形沟槽，清刷浮渣和残留的灰尘，浇水湿润，用水泥砂浆分层补抹牢固、严密和平整。

（2）墙面腻子层施工前，应控制好抹灰层含水率，一般不宜超过 10%。墙饰面施工时应将腻子层厚度控制在 2~3mm。

（3）腻子层施工完成后，应对门窗进行封闭，避免穿堂风及温度变化引起温差过大，导致腻子层收缩开裂。

5.2　地面开裂维修

5.2.1　实例01：地暖地面主卧与阳台交界处开裂

该住宅建筑于 2015 年 11 月开工建设，地下 1 层，地上 11 层，设计层高 2.9m，总建筑面积 5993m^2，建筑总高度为 32.29m，为现浇混凝土框架—剪力墙结构，地基为天然地基，基础为筏板基础，楼层地面为低温热水辐射供暖地面（俗称地暖地面）。工程竣工时间为 2018 年 1 月。

1. 问题描述

地面开裂发生时间为 2018 年 11 月。根据现场查勘，裂缝主要出现在主卧地面与阳台地面交界位置，沿房间开间方向呈直线分布，宽度 0.5~1mm（图 5.2-1、图 5.2-2）。卧室与阳台交界处地面存在明显的局部空鼓现象。

2. 原因分析

根据裂缝出现位置及表现状态，技术人员对该裂缝产生原

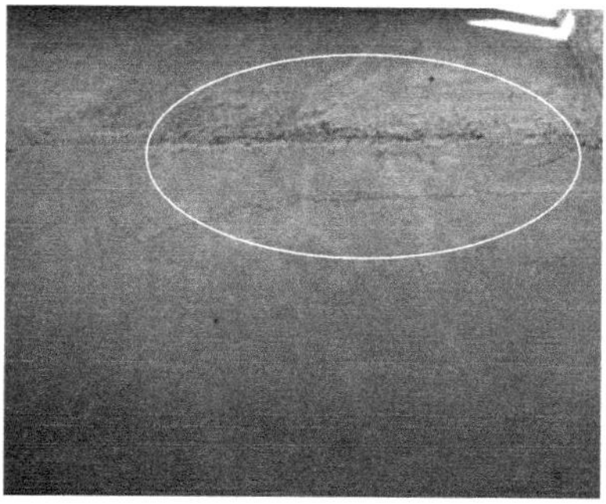

图5.2-1　裂缝远观图

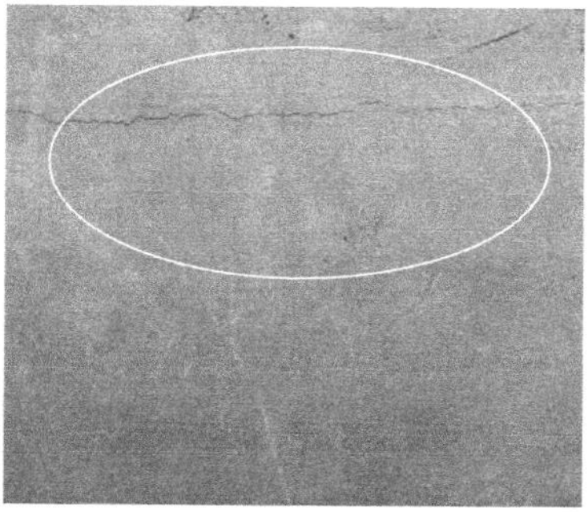

图 5.2-2　裂缝局部放大图

因作出如下分析：

地面材料收缩产生的拉应力是引起该裂缝的主要原因。一是地面混凝土施工阶段处于整个工期的后期，且该工程交工时间较短，地面构造层含水率仍较高，自身继续发生干缩变形而产生拉应力；二是温差作用引起地面胀缩变形，同样也会产生地面拉应力。

地面构造层在阳台交界处发生变化，厚度明显减少，此处产生局部应力集中现象，当地面内拉应力大于地面抗裂应力即地面材料抗拉强度时，地面发生开裂，这是地面在阳台处开裂的另外一个原因。

3. 维修方案制定

根据开裂原因分析，技术人员通过采用聚合物水泥砂浆加贴网格布的方式来提高地面抗裂应力，避免地面再次发生开裂的维修方案。

4. 维修处理过程

（1）主要材料及机具

锤子、凿子、抹刀、聚合物水泥砂浆、耐碱玻纤网格布、刷子、磨光机、吸尘器、墨斗、黄胶带等。

（2）工艺流程

弹线→裂缝位置剔凿→基层清理→贴美胶带→洒水湿润→聚合物水泥砂浆加网格布修补（图 5.2-3~ 图 5.2-10）。

图 5.2-3　弹线

图 5.2-4　裂缝位置剔凿

图 5.2-5　基层清理

图 5.2-6　贴胶带

图 5.2-7　洒水湿润

图 5.2-8　聚合物水泥砂浆加网格布修补

图 5.2-9　拆除胶带

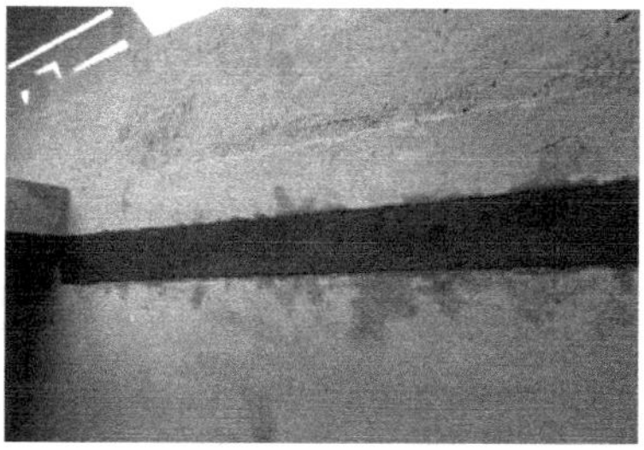

图5.2-10　修补完成

5. 维修效果及成本

（1）维修效果：维修完成后，经回访得知该处地面未再发生开裂。

（2）维修成本

经统计，该小区共有 5 户存在户内地面开裂现象，总费用为 838 元，具体费用明细如下：

费用名称	材料名称	数量	单价（元）	合计（元）
人工费	—	2.5 工日	220	550
材料费	聚合物水泥砂浆	30kg	2	60

续表

费用名称	材料名称	数量	单价（元）	合计（元）
材料费	耐碱玻纤网格布	1 卷	18	18
	美纹纸	5 卷	2	10
其他费用	卫生清理等	1 项	200	200
合计				838

6. 施工防控建议

（1）建筑地面的变形缝应与结构相应缝（沉降缝、伸缩缝、防震缝）的位置一致，且应贯通地面的各构造层。

（2）地暖绝热层保温板铺设前基层应清理干净，并保持基层平整。地暖管要固定牢固，固定点的间距，直线段宜为 0.5~0.7m，弯曲管段宜为 0.2~0.3m。

（3）建议适当增加地暖地面混凝土填充层厚度（不宜小于 50mm），填充层上边缘下 20mm 处设置一道 ϕ3@50 双向钢筋抗裂网（在分格缝处断开），以均分变形内应力，降低应力峰值，提高地面抗裂能力。

（4）地面混凝土采用泵送方式进行浇筑时，建议采用二次浇筑成型法，第一次浇筑至地暖管上平，进行 2~3d 养护后再浇筑第二次混凝土至地面上平（减少地面变形），施工时应随打随抹，终凝前做好二次抹压，以消除早期干缩裂缝。

（5）楼层供暖地面施工时，建议在地面与内外墙、柱交接处和厚度、形状变化处（如门洞口、走廊）设置分格缝，缝宽不小于 10mm，深度至绝热层上边缘。当房间面积较大时中部应适当增加分格缝，分格缝间距不宜大于 3m，以减少地面干缩和温差作用影响。

在地面厚度、形状变化等应力集中部位设置分格缝有困难时，建议采用附加抗裂网等措施，提高地面抗裂应力，增强防开裂能力。

（6）地面施工完成后应进行覆盖保湿养护，时间不得少于 7d。

5.2.2　实例02：车库地面开裂

该住宅建筑开工时间为 2016 年 5 月，地下车库建筑面积为 23030m^2，基础结构形式采用筏板基础，车库地面做法为 100mm 厚 C25 细石混凝土，内设 ϕ6@200 双向钢筋网，施工时采用机械装置对地面进行找平抹压。工程于 2018 年 6 月竣工交付。

1. 问题描述

车库地面开裂发现于 2018 年 10 月。根据现场观察，地面出现无规则裂缝，纵横交错分布，裂缝宽度 0.5~2mm，以表面裂缝为主，个别出现较深裂缝（图 5.2-11、图 5.2-12）。

2. 原因分析

根据施工和现场实际情况，技术人员对该裂缝产生原因作出如下分析：

（1）该建筑车库地面混凝土（找平层兼面层，下同）施工完成后，未能及时进行保湿养护，受早期干缩应力影响较大，

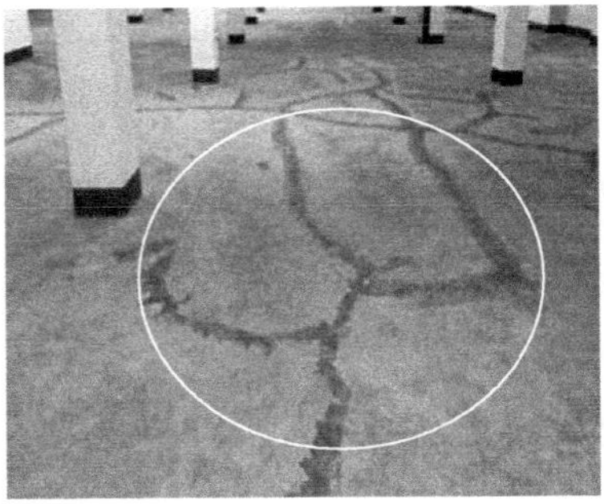

图5.2-11　地面局部裂缝

图5.2-12　地面大面积开裂

浇筑过程中产生部分浮浆，地表面抗拉强度明显降低，抗裂应力变小，导致混凝土地面无规则开裂。

（2）车库地面混凝土未留置分格缝，因地面面积过大而产生收缩变形加大，内拉应力增高，导致该混凝土地面个别部位出现较深较宽裂缝。

3. 维修方案制定

根据上述开裂原因分析，对较窄较浅裂缝维修主要采用灌注环氧树脂胶封堵的方法；对较宽较深裂缝维修采用切割剔槽嵌填聚合物水泥砂浆的方法，面层采用涂刷水性环氧耐磨地坪漆进行处理。

4. 维修处理过程

（1）主要材料及机具

切割机、磨光机、冲击钻、鼓风机、吸尘器、环氧树脂灌注胶、水性环氧地坪漆、环氧底漆、聚合物水泥砂浆、注浆机、注浆嘴、封缝胶、壁纸刀、滚刷、毛刷、抹刀等。

（2）工艺流程

较深较宽裂缝切割剔槽→沿较窄较浅裂缝钻孔→清孔固定注浆嘴→清缝后封缝→低压注浆→裂缝及沟槽清理→剔槽裂缝分层嵌填聚合物水泥砂浆→砂浆养护→基层打磨平整→清理基层→环氧底漆滚涂→环氧地坪漆滚涂两遍→干燥养护（图 5.2-13~ 图 5.2-17）。

图5.2-13　割缝剔槽

图5.2-14　基层打磨清理

图 5.2-15　环氧底漆滚涂

图5.2-16　环氧地坪漆滚涂

图5.2-17　地面维修后效果

5. 维修效果及成本

（1）维修效果

该车库地面裂缝维修处理后，未再发生大面积开裂问题。

（2）维修成本

经统计，车库存在 1200m^2 的地面开裂区域，总费用为 24930 元，具体费用明细如下：

<table>
<tr><th>费用名称</th><th>材料名称</th><th>数量</th><th>单价（元）</th><th>合计（元）</th></tr>
<tr><td>人工费</td><td>—</td><td>45 工日</td><td>220</td><td>9900</td></tr>
<tr><td rowspan="3">材料费</td><td>环氧底漆</td><td>45 桶</td><td>110</td><td rowspan="3">13530</td></tr>
<tr><td>环氧地坪漆</td><td>60 桶</td><td>120</td></tr>
<tr><td>环氧树脂灌注胶</td><td>12 桶</td><td>115</td></tr>
<tr><td>其他费用</td><td>双面胶、壁纸刀、卫生清理、聚合物水泥砂浆、封缝胶等</td><td>1 项</td><td>1500</td><td>1500</td></tr>
<tr><td colspan="4">合计</td><td>24930</td></tr>
</table>

6. 施工防控建议

（1）混凝土地面施工，应严格控制预拌混凝土粉煤灰掺量、坍落度和施工振捣时间，减少混凝土表面浮浆，并严格实施二次抹压处理工序。

（2）大面积地下车库地面混凝土宜采用跳仓法施工，以降低温差、干缩变形的影响，减少地面开裂。混凝土浇筑完成后应及时进行覆盖保湿养护，养护时间不宜少于 7d；掺有粉煤灰或外加剂的混凝土养护时间不少于 14d。

（3）车库地面混凝土施工应设置纵横向分格缝（缩缝），纵向宜做平头缝或企口缝，横向宜做假缝。当设计无要求时，建议缝间距不大于 4m 且基本均匀分布（规范规定不得大于 6m），假缝宽度为 5~20mm，深度宜为垫层厚度的 1/3；在混凝土主梁两侧和柱、剪力墙四周均应设置分格缝（此处为干缩和荷载效应引发应力“叠加”部位）。

（4）为防止混凝土整体地面开裂，建议施工时采取在地面混凝土中掺加抗裂纤维防裂材料、混凝土顶面下 20mm 处配置 $\phi4@100$ 双向抗裂钢筋网、地表面涂刷弹性聚氨酯柔性涂料等防裂措施。

（5）地面混凝土配置用于抗裂的通长钢筋网，在分格缝处建议断开（设计用于地面承载的钢筋网不得断开），切断各“方”之间彼此约束影响，改变地面变形状态分布，均分内应力，减少应力峰值出现，提高地面抗裂应力，增强地面抗开裂能力。

5.2.3　实例03：地暖地面多处开裂

该住宅建筑小区于 2016 年 5 月开工建设，包括 1 号楼和 2 号楼两个楼座，总建筑面积 51145.17m^2，1 号楼建筑总高度 73.5m，2 号楼建筑总高度 93.4m，层高均为 2.85m。地基为天然地基，车库及主楼基础为筏板 + 独基 + 条基形式，主体为混凝土框架—剪力墙结构。室内地面为低温热水辐射供暖地面（俗称地暖地面）。毛坯交付，工程竣工时间为 2018 年 5 月。

1. 问题描述

地面开裂发生时间为 2018 年 10 月。经过现场检查发现，该住宅建筑出现开裂问题的地面均为地暖地面，开裂发生的部位和裂缝形态主要有以下几种情况：位于房间阳角处 45° 斜裂缝（图 5.2-18），房间门洞口裂缝（图 5.2-19），较大面积房间中间裂缝（图 5.2-20），部分地面不规则裂缝（图 5.2-21）等。裂缝宽度 1~3mm。

图 5.2-18 房间阳角处 45° 斜裂缝

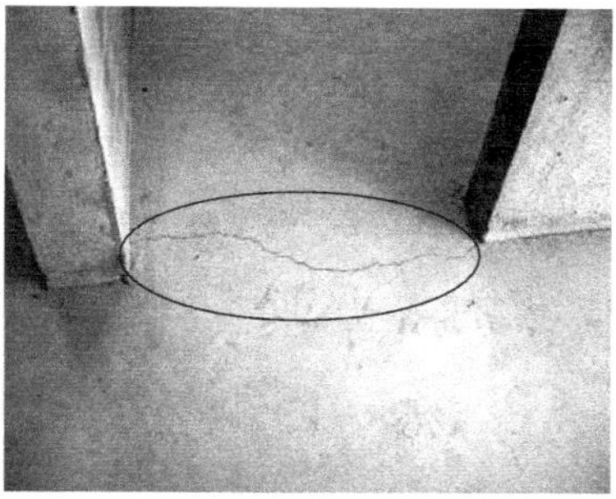

图5.2-19 房间门洞口处裂缝

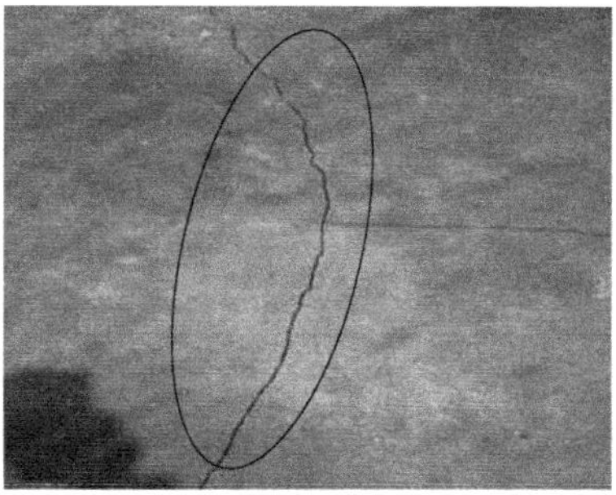

图 5.2-20 大面积房间中间裂缝

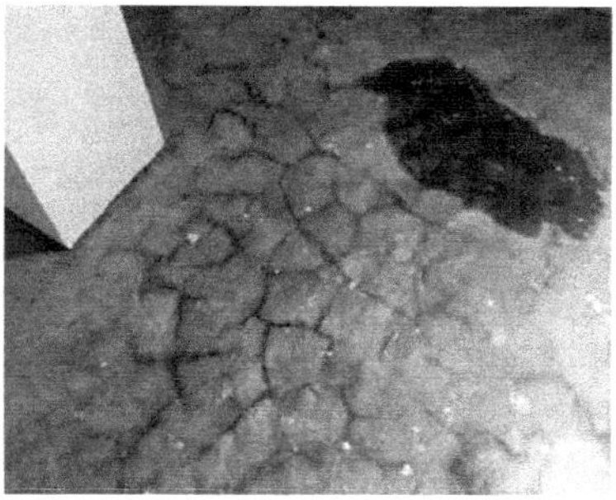

图5.2-21 地面不规则裂缝

2. 原因分析

针对该住宅地面裂缝出现的部位、分布形态，综合工程实际施工调研情况，对引起该地暖地面开裂的原因作出如下分析：

（1）该住宅建筑位于海边地区，地面施工时房间外墙窗户尚未安装。因工期紧张施工需要交叉作业，地面完成后未能及时用薄膜等覆盖进行保湿养护，在外窗洞口形成的穿堂风影响下，刚施工完成暴露在外的地面混凝土快速失水，发生较大材料干缩变形，这是造成该地面开裂比较严重的主要原因。

（2）该地面混凝土采用泵送混凝土，粗骨料粒径小、含量低，砂浆含量高，混凝土自收缩大；泵送混凝土其水灰比和坍落度较大，多余的水分蒸发后，被水占据的部位形成毛细孔，造成混凝土强度下降，这也是引起该地面开裂比较严重的重要原因。

（3）该住宅套内地面面积较大，户型布置较为复杂，地面各“房间”交界处或大房间地面中间部位施工时未留置分格缝。各“房间”表面积差别较大，地面变形、约束大小不一，在地面形状发生变化处，如凸入地面的墙体阳角处、门洞口处等“房间”交界处出现应力集中现象，致使地面发生多处开裂，这是地面在墙体阳角处45°斜裂缝、门洞口出现裂缝的主要原因；表面积或长度较大房间，地面变形受到来自深度方向混凝土的较广约束作用，当约束引发的面层内拉应力积累到大于地面抗裂应力（即材料抗拉强度）时发生开裂，这是地面面积较大或地面较长房间中部产生裂缝的主要原因。

（4）地面混凝土施工过程中，由于工人操作不当，导致固定地暖管的管卡被破坏，造成地暖管与保温板脱离向上产生竖向位移，混凝土保护层有效断面变小，内应力变大，这是造成地面开裂的次要原因。

（5）该地面采用泵送预拌混凝土，掺加粉煤灰量较大，浇筑过程中产生浮浆较厚，地表面抗拉强度小；混凝土浇筑完毕初凝后终凝前，又未及时进行二次抹压，导致混凝土产生早期塑性收缩裂缝未及时进行处理，这是地表面发生无规则龟裂的次要原因。

3. 维修方案制定

鉴于该地面面层多处发生开裂，后期变形区域局部变小，且地面大变形已基本完成，小变形引起的内应力一般不会再引发新的开裂现象，故对较宽较深裂缝采用剔槽后分层嵌填聚合物水泥砂浆进行处理；对较窄较浅裂缝采用水泥加胶材料注射灌浆处理；对裂缝相对集中的房间地面在上述措施处理完成后，再刮抹找补一层聚合物水泥砂浆。

4. 维修处理过程

（1）主要材料及机具

锤子、凿子、刮板、抹刀、水泥、胶水、美纹纸、聚合物水泥砂浆、封缝胶、手持搅拌机、注射筒灌浆工具等。

（2）工艺流程

地面清理→剔槽→聚合物水泥砂浆嵌填→水泥加胶注射灌缝→刮抹聚合物水泥砂浆→成品保护（图 5.2-22、图 5.2-23）。

图 5.2-22　地面清理后灌缝修补

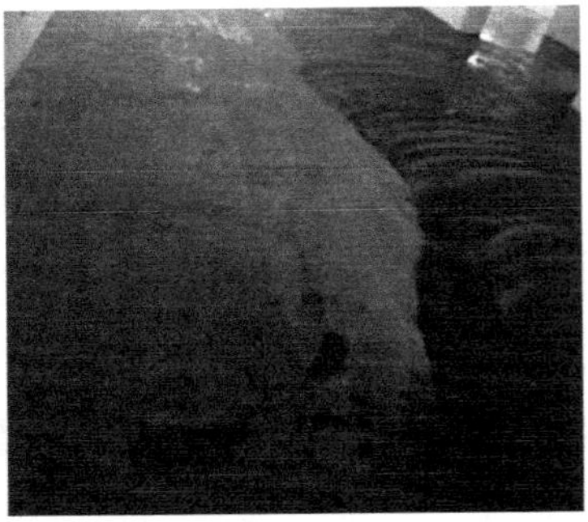

图 5.2-23　大房间地面进行聚合物水泥砂浆刮抹找平

注射法灌缝主要过程：

①采用封缝胶沿裂缝每隔 200~300mm 粘结注射筒底座，并对裂缝全长进行封缝。

②封缝胶固化后采用注射器将水泥加胶灌浆材料注入裂缝腔内，并应保持低压、稳压。

③注入裂缝的灌浆材料固化后，撤除注射筒和底座，并用砂轮磨平地面。

5. 维修效果及成本

（1）维修效果

经过一段时间后的现场排查，采用上述方案维修处理的地面未再发现出现开裂现象，用户对维修效果较为满意，也为后续工程施工提供了技术保障和经验（图 5.2-24）。

图 5.2-24　维修完成后效果

（2）维修成本

经统计，该户地面开裂问题维修总费用为 1260 元，具体费用明细如下：

费用名称	材料名称	数量	单价（元）	合计（元）
人工费	—	2 工日	220	440
材料费	水泥加胶	10kg	10	100
	聚合物水泥砂浆	4 袋	25	100
	封缝胶（双组分）	20kg	20	400
	注射工具等	1 套	120	120
其他费用	卫生清理等	1 项	100	100
合计				1260

6. 施工防治建议

（1）地暖管布设要平整、牢固，防止地面混凝土浇筑时发生地暖管局部翘起，引起地面开裂（图 5.2-25）。

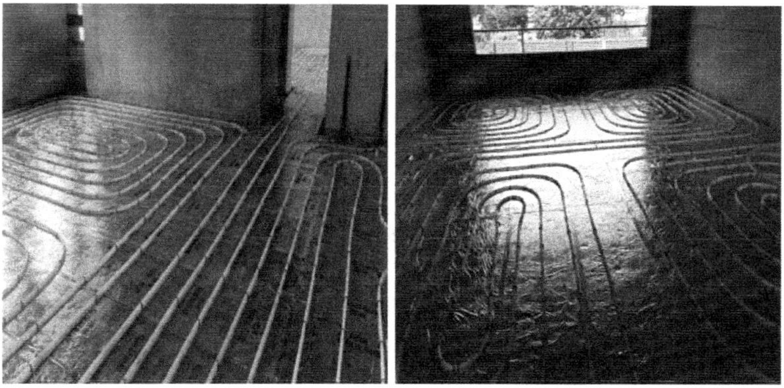

图 5.2-25　地暖管固定要平整、牢固

图 5.2-26　地表面增加抗裂钢丝网

图 5.2-27　内墙周边留设分格缝

（2）建议地面在与内外墙、柱及过门等垂直构件交接处，应留置不小于 10mm 宽深度至绝热层的分格缝（图 5.2-26~图 5.2-28）。

（3）地面施工建议采用二次浇注成型法，完成后应及时进行二次抹压并进行保湿养护，特别是当环境存在较大温差或现场穿堂风较大时，地面应进行覆盖养护，养护时间不得少于 7d，建议在 14d 以上（图 5.2-29、图 5.2-30）。

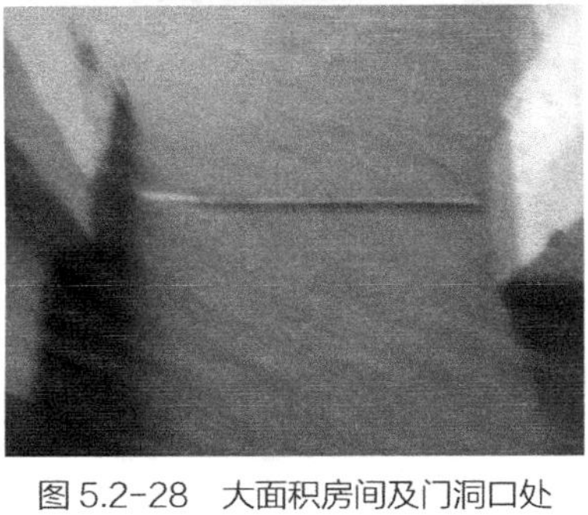

图 5.2-28　大面积房间及门洞口处增设界格条

（4）建议在地面混凝土中

图 5.2-29　现场二次收光抹面

图 5.2-30　专人负责保湿养护

掺加 UEA 膨胀剂，以抵消混凝土收缩，降低内应力（保湿养护天数不宜少于 14d）；设置 $\phi3@50$ 双向抗裂钢筋网（在分格缝处断开），改变地面内部变形状态分布，均分内应力，减少应力峰值出现；同时，在地面抹压时压入抗裂钢丝网（在分格缝处断开）或在混凝土中掺加抗裂纤维，提高地面抗裂应力，抵抗地表面早期干缩裂缝的出现。

5.3 外墙面开裂维修

5.3.1 实例01：外墙面真石漆涂层开裂

该住宅建筑于2016年11月开工建设，地上6层，总建筑面积3600m²，建筑总高度为22.5m，结构形式为现浇混凝土框架结构，设计采用旋挖钻孔灌注桩，桩端持力层为泥质粉砂岩。工程竣工时间为2018年5月。

外墙做法为：基层采用蒸压加气混凝土砌块，20~25mm水泥砂浆抹灰找平，外墙保温采用100mm厚B_1级EPS模塑聚苯保温板，抹面砂浆内设耐碱玻纤网格布，外墙耐水腻子，防潮底漆涂刷，外喷真石漆涂料。

1. 问题描述

开裂发生时间为2019年3月。经现场查勘，该建筑北立面出现多处真石漆涂层起皮、脱落问题（图5.3-1），而外墙其他部位真石漆质量较好，未发现上述起皮脱落现象。

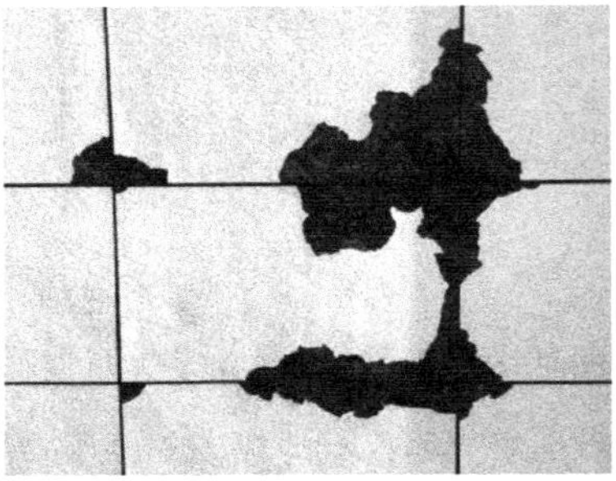

图5.3-1 外墙真石漆涂料起皮脱落

2. 原因分析

通过查阅当时施工日志，该部位施工时间为2017年12月15日，当日天气为阴天，气温−2~5℃，西北风5~6级。

针对上述实际情况，对该住宅建筑真石漆涂层起皮、脱落问题作出如下原因分析：

（1）该楼北立面真石漆施工期间为冬期施工，因工期紧，施工人员在基层未达到要求含水率（溶剂型涂料基层含水率一般要求不大于 8%，水性涂料基层含水率一般要求不大于 10%）的情况下，盲目喷涂施工，使底漆不能有效与基层渗透粘结，这是该外墙真石漆起皮开裂的主要原因。

（2）施工时气温过低，真石漆喷涂完成后难以凝结固化成膜，使涂层的抗拉强度受到影响，同时受温差和干缩作用涂层收缩变形又较大，这是该真石漆起皮开裂的另一个重要原因。

（3）刚涂刷的水性真石漆，因水表面张力作用引起涂层流动性降低，附着力下降，涂层过厚漆膜开裂；后期随气温回升，含水率较大的基层水分以及通过墙体湿传递到达外部的房间内水分蒸发外溢，造成外墙真石漆涂层鼓胀起泡开裂，这些都是真石漆起皮开裂的次要原因。

（4）真石漆涂层在分格处断开，在未喷涂罩光漆的情况下，此处极易受到外界环境如温差、干缩、冻融、干湿交替等作用影响，其形成的应力和反复作用，较容易“克服”涂层与基层之间的弱粘结力，继而发生涂层分格处局部开裂，后期随时间推移，上述开裂部位不断发生扩展，并在紫外线、风压等外界因素共同影响下，涂层在分格处发生翘边和脱落现象，这也是该住宅真石漆起皮脱落大部分发生在外墙分格区域原因之一。

3. 维修方案制定

根据上述原因分析，结合工程实际，对该住宅建筑进行维修拟采用以下方案：

清除北立面起皮开裂的真石漆涂层，根据基层含水率情况，选择合适时机，重新对外墙进行喷涂真石漆施工。

4. 维修处理过程

（1）主要材料及机具

铲刀、靠尺、喷涂机、磨光机、美纹纸、真石漆、罩光漆、墨斗、柔性外墙弹性腻子、抹子、起重机、吊篮等。

（2）工艺流程

铲除开裂起皮真石漆涂层→清理基层→补刮柔性外墙弹性腻子并打磨→成品保护→喷涂防碱底漆→弹分格线、贴美纹纸→喷涂真石漆→撕除美纹纸→喷涂罩光漆等。

具体维修过程（图 5.3-2~ 图 5.3-5）：

①铲除开裂起皮真石漆涂层，使用磨光机进行清理找平。

②补刮柔性外墙弹性腻子并打磨平整。

③对外窗、空调格栅及原有真石漆等部位采用薄膜进行成品保护。

④基层处理完毕和含水率符合要求后，进行防碱底漆施工，底漆涂刷后保证充分干燥。

⑤在墙面上进行分格，在基准线上进行美纹纸粘贴，粘贴时保证美纹纸水平、顺直、牢固。

⑥自上而下分遍喷涂真石漆，保证整体均匀、连续，厚度均一，完成后撕掉美纹纸。

⑦真石漆涂层固化实干（涂层全部形成固体涂膜的时间按

图 5.3-2　铲除基层并打磨

图 5.3-3　贴美纹纸

图 5.3-4　真石漆喷涂

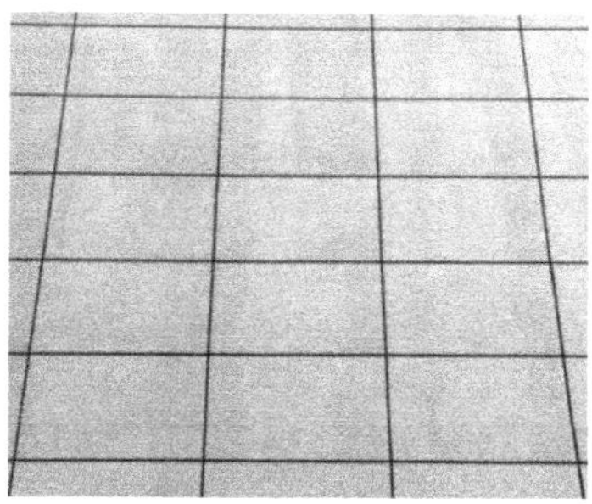

图 5.3-5　维修后外墙效果

产品性能要求）后喷涂罩光漆，维修完成。

5. 维修效果及成本

（1）维修效果

该部位维修完毕后，均未再出现真石漆开裂脱落现象，维修后外墙效果见图 5.3-5。

（2）维修成本

经统计，外墙真石漆脱落面积为 180m^2，总费用为 13960 元，具体费用明细如下：

费用名称	材料名称	数量	单价（元）	合计（元）
人工费	—	16 工日	380	6080
材料费	底漆	3 桶	120	360
	真石漆	32 桶	150	4800
	罩光漆	2 桶	200	400
	美纹纸	30 卷	4	120
	机械费	1 项	1200	1200
其他费用	柔性外墙弹性腻子、成品保护等	1 项	1000	1000
合计				13960

6. 施工防控建议

（1）控制好真石漆底涂和面涂施工作业条件，对气温、基层墙体含水率、涂层成膜强度（表干或实干）等进行有效控制，在符合相关要求的前提条件下开展施工。

（2）选择渗透性好的封闭底漆，涂刷前清理干净基层表面灰尘，确保真石漆与基层粘结牢固。

（3）真石漆涂层达到固体涂膜实干时间后，应喷涂罩光漆，使外墙面耐水、耐腐蚀、抗紫外线、防尘防污，提高使用耐久性。

5.3.2　实例02：外墙保温保护层开裂

该住宅建筑于2014年10月开工建设，地下2层，地上34层，设计层高2.9m，总建筑面积约18000m^2，建筑总高度为99m；基础形式为筏板基础，主体结构类型为混凝土剪力墙结构；内墙抹灰采用新型石膏砂浆，外墙外保温采用 100mm 厚岩棉保温板，组成保护层的抹面层和饰面层采用双网构造。工程于 2017 年 3 月竣工验收并交付使用。

1. 问题描述

开裂发生时间为 2018 年 10 月。该住宅所在小区物业公司反映，外窗洞口周边出现外墙保温墙面真石漆起皮、保护层局部开裂脱落现象。该住宅建设单位、施工单位有关技术人员会同物业公司进行现场查勘，发现问题主要集中在该住宅建筑 2~3 层外窗洞口周边岩棉板饰面层分格部位，多处真石漆涂层开裂起皮（图 5.3-6），局部真石漆、抹面层脱落后岩棉板外露，保护层内未见耐碱玻纤网格布（图 5.3-7）。

图 5.3-6　真石涂层开裂起皮

图 5.3-7　外保温保护层局部脱落

2. 原因分析

根据外墙裂缝出现的部位和真石漆起皮、保护层脱落情况，结合工程实际，技术人员作出如下原因分析：

（1）根据现场对保温保护层脱落部位查勘，岩棉板界面处理剂出现漏涂情况，抹面砂浆也未压入岩棉保温板内，抹面层与岩棉板之间存在明显局部粘结不牢现象。外墙保温保护层施工时耐碱玻纤网格布设置不到位，造成抹面层抗拉强度（即抗裂应力）过小，抗开裂能力不足。外墙面受外界温湿度影响较大，在温差和干缩作用下，抹面层变形受到来自基层和周边大小及分布均不同的约束而在其内部产生内拉应力，当某处拉应力大于该抹面层抗裂应力即材料抗拉强度时，抹面层就会在该处发生开裂，所以抹面层粘结不牢、开裂和重力、负风压作用等因素共同作用是造成该住宅建筑保温保护层出现局部脱落的主要原因之一。

（2）经查阅施工日志，该住宅建筑底部数层外墙保温施工时，气温较低，因工期紧张，在抹面层施工和外墙柔性腻子涂抹不久的情况下（水性涂料基层含水率要求一般不大于 10%），盲目进行真石漆底涂施工。在底涂尚未完全固化成膜时，又继续进行真石漆涂层施工，综上情况可知，基层含水率过高、施工气温过低、底涂成膜强度不足、温差收缩和干缩变形等原因是造成外墙面真石漆涂层起皮的重要原因。

（3）真石漆涂层完成后未按要求进行喷涂墙面罩光漆，涂层分格处受到外界环境因素如温差、干缩、冻融、干湿等引起的应力及反复作用影响而产生局部开裂，并随时间推移上述现象不断发生延伸扩展，最终涂层在分格边缘处发生局部翘边和脱落现象。

3. 维修方案制定

根据上述原因分析，施工单位拟采取清除已开裂起皮的墙面饰面层、对已破损脱落的墙面保护层重新进行施工的方案。

4. 维修处理过程

（1）主要材料及机具

耐碱玻纤网格布、界面剂、聚合物抹面砂浆、10mm×180mm 锚栓（锚盘直径 100mm）、柔性外墙弹性腻子、美纹纸、真石漆、锤子、铝合金水平尺、抹子、滚刷、喷涂机等。

（2）工艺流程

开裂脱皮部位饰面层及周边清理→岩棉板界面处理剂涂刷→第一遍抹面砂浆施工→铺贴第一层耐碱玻纤网格布→锚栓锚固→第二遍抹面砂浆→铺贴第二层耐碱玻纤网格布（注意耐碱玻纤网格布新旧搭接宽度不小于 100mm）→刮抹柔性外墙弹性腻子并打磨平整→薄膜成品保护→喷涂抗碱底漆→弹分格线、贴美纹纸→喷涂真石漆→撕除美纹纸→罩光漆施工（图 5.3-8~ 图 5.3-15）。

编者注：对涂刷普通外墙防水涂料的薄抹灰保温墙面开裂维修问题，可参考本例真石漆涂层外墙面开裂维修做法。

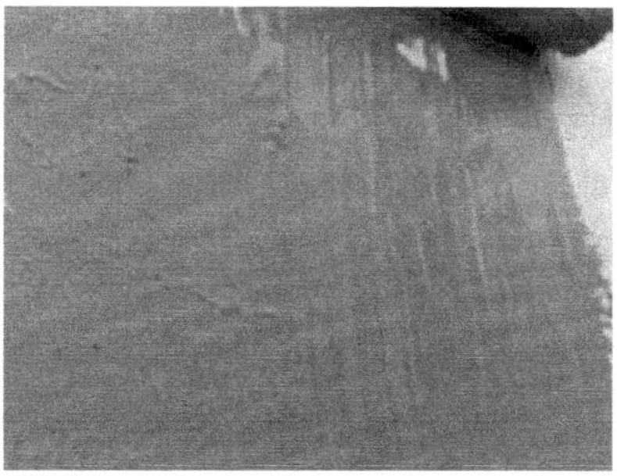

图 5.3-8　涂刷界面剂

图 5.3-9　第一遍抹面砂浆施工

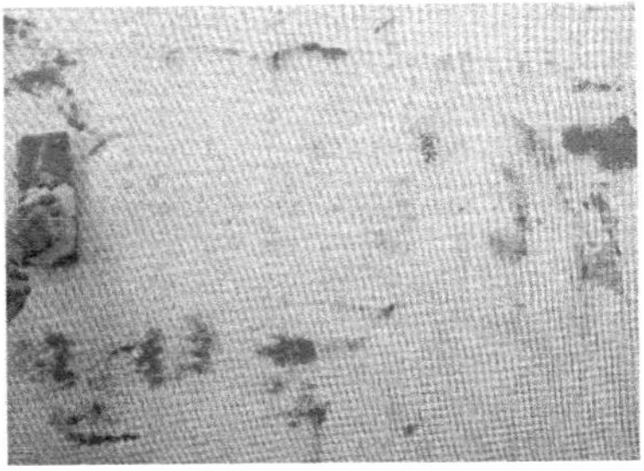

图5.3-10　压入耐碱玻纤网格布

图5.3-11　锚栓锚固施工

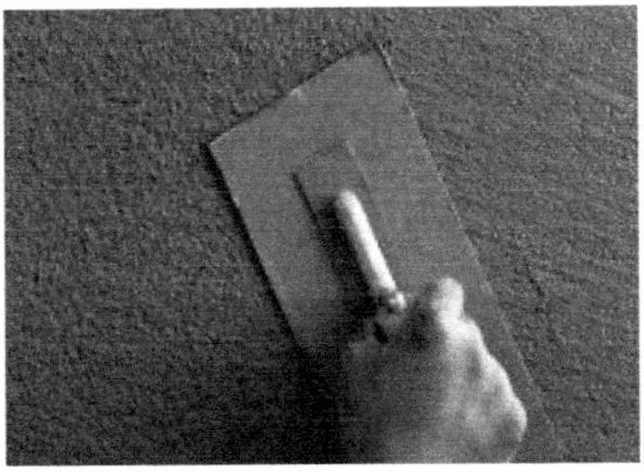

图5.3-12　第二遍抹面砂浆施工

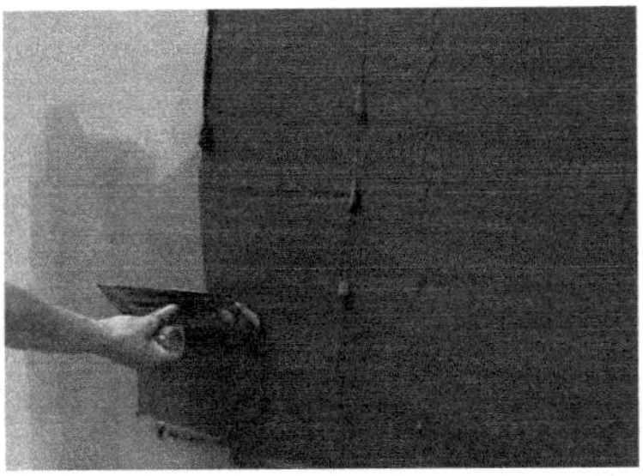

图5.3-13　刮涂弹性腻子

图5.3-14　底漆封闭施工

图5.3-15　真石漆涂层施工

5. 维修效果及成本

（1）维修效果

维修 1 年后通过电话回访，该住宅建筑外墙面再未出现开裂、脱落现象，物业单位表示非常满意。

（2）维修成本

经统计，外墙保温真石漆面层开裂起皮面积约 12m²，保护层脱落约 4m²，总维修费用 2004 元，具体费用明细如下：

费用名称	材料名称	数量	单价（元）	合计（元）
人工费	—	2 工日	380	760
材料费	界面剂	1kg	15	15
	聚合物抹面砂浆	30kg	1.2	36
	柔性外墙弹性腻子	25kg	30	750
	耐碱玻纤网格布	25m²	2	50
	锚栓	50 个	0.5	25
	美纹纸	2 卷	4	8
	真石漆（含底漆）	40kg	4	160
	罩光漆	1 桶	200	200
合计				2004

6. 施工防控建议

（1）岩棉保温板上墙粘结前，应在板的双面涂刷防水型界面处理剂。

（2）岩棉板外保温系统的岩棉板与基层墙体的连接固定应采用机械锚固为主、粘结为辅的方式；锚栓数量每平方米不少于 5 个，而且考虑风压高度变化，随外墙高度的增加，应适当增加保温板固定锚栓的数量。

（3）外墙保温施工期间以及完工后 24h 内，环境温度不应低于 5℃；当外界环境问题低于 5℃时，不应进行外墙保温施工。

（4）外墙装饰层施工应当加强工序管理，全力做好各基层处理，严格控制各基层含水率（溶剂型涂料一般不大于 8%，水性涂料一般不大于 10%），上道工序固化实干后方可进行下道工序施工，避免盲目抢工。

（5）维修用真石漆要选配与原墙面色泽基本一致的天然彩砂，以减轻墙面修补后色差。

（6）真石漆外墙施工不得漏涂罩光漆。罩光漆不仅耐水、耐污染、抗紫外线，而且利用其严密的覆盖作用，降低外墙饰面层干缩作用，减少冻融、干湿交替等影响，降低真石漆墙面起皮脱落情况的发生，提高真石漆墙面的耐久性。

5.4　现浇楼板开裂维修

5.4.1　实例01：加设地暖，导致楼板开裂

该住宅建筑于2015年10月开工建设，地下1层，地上28层，设计层高 2.9m，总建筑面积 24700m^2，建筑总高度为 85.5m，基础结构形式为混凝土梁筏基础，主体结构形式为混凝土剪力墙结构，标准层楼板厚度为 100mm、120mm，楼板混凝土强度等级为 C30。工程竣工时间为 2017 年 5 月。

1. 问题描述

开裂问题发生时间为 2018 年 8 月，该住户上层业主刚装修完成并入住。经现场调查发现，楼上业主在装修时，在楼地面私自加装地暖，电锤凿除楼板地面混凝土时对现浇楼板产生冲击振

动。经观察，板底裂缝呈现不规则龟裂状态，裂缝宽度及深度普遍较小，个别裂缝走向顺线管敷设方向（图 5.4-1、图 5.4-2）。

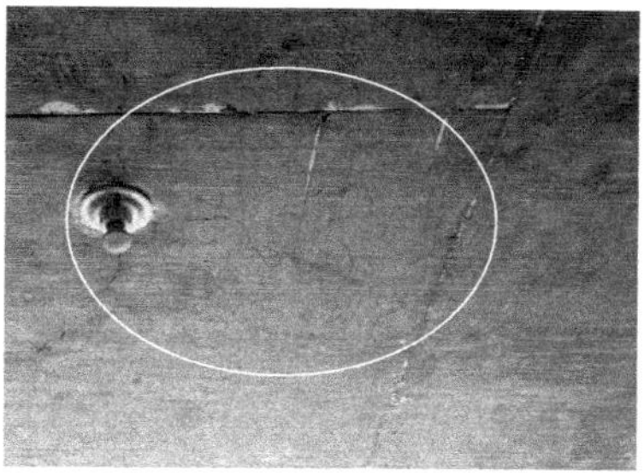

图5.4-1　板底不规则开裂

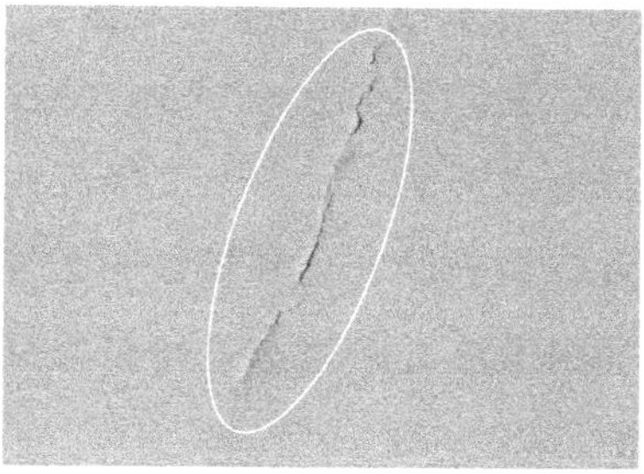

图 5.4-2　顺管线方向裂缝

2. 原因分析

针对裂缝特征、分布、形态，结合装修凿除地面的实际情况，对该楼板开裂原因作出如下分析：

（1）楼上业主装修过程中使用电锤凿除原地面细石混凝土找平层时，虽然连续性冲击荷载并未引起楼板共振，但引发的持续重复作用，导致板底灰浆集中区域骨料之间粘结强度破坏、内存微裂缝不断拓展延伸，最终形成宏观可见裂缝。同时，楼板施工电线管敷设位移严重，混凝土保护层局部变小且不密实，局部应力增高，抗裂应力下降，持续冲击作用使已存在于混凝凝土内部的“暗缝”加速拓展，原本不可见裂缝变成外观可见裂缝，这是造成顺管开裂的主要原因。

（2）经查阅施工日志，该住宅建筑主体施工阶段每 5 天施工一层标准层，混凝土现浇楼板上人上荷时间和拆模过早，也是造成开裂的原因之一。

3. 维修方案制定

根据现场调查和开裂主要原因分析可知，该楼板裂缝主要是由于使用电锤引发振动造成的，考虑电锤冲击荷载较小，又未引起楼板共振，裂缝不会对楼板整体承载力和刚度造成影响；但考虑该楼板线管处裂缝走向与板短跨方向垂直，为确保安全和楼板耐久性，板底大面拟采用聚合物砂浆加耐碱玻纤网格布进行维修和顺管缝粘贴碳纤维布进行维修的方案。

4. 维修处理过程

（1）主要材料及机具

改性环氧树脂胶、碳纤维布、耐碱玻纤网格布、聚合物水泥砂浆、腻子、乳胶漆、砂轮、壁纸刀、抹子、细砂、滚筒刷等（图 5.4-3、图 5.4-4）。

（2）工艺流程

板底饰面层清理→管缝处混凝土打磨→除去浮浆和灰尘等杂质→滚刷底胶→裁剪碳纤维布→涂刷环氧树脂胶→粘贴碳纤维布于管缝处→滚筒刷滚压碳纤维布→再涂刷改性环氧

图 5.4-3　碳纤维布

图 5.4-4　环氧树脂胶

树脂胶→碳纤维布表面粘砂→大面聚合物水泥砂浆找平→抹压耐碱玻纤网格布→刮抹聚合物砂浆→腻子及乳胶漆施工。

具体维修过程：

①铲除板底找平石膏、腻子及乳胶漆，清理楼板板底，露出混凝土基面。

②用砂轮顺管缝将混凝土打磨平整。

③清理基层，除去浮浆和灰尘等杂质（顺管缝两侧 300mm 范围内应露出混凝土结构新面，建议采用丙酮擦拭）。

④按胶粘剂生产厂家提供的工艺条件配制底胶，在干燥基层上采用滚筒将其均匀涂抹于顺管缝两侧 300mm 范围内。

⑤根据管缝长度裁剪碳纤维布，宽度为 250mm。

⑥按生产厂家提供的工艺条件配置改性环氧树脂胶。底胶表面指触干燥后，在其上均匀涂刷环氧树脂胶。

⑦将碳纤维布用手轻压贴于管缝处（缝两侧各不小于 100mm），采用专用滚筒刷顺缝方向多次滚压直至胶液充分浸透碳纤维布为止。

⑧上道工序指触干燥后在碳纤维布表面再均匀涂刷一层改性环氧树脂胶,并立即在其表面均匀撒布满粘细砂（粘砂糙化，增加抹灰层粘结力）。

⑨待碳纤维布粘贴 24h 后，大面分层抹压聚合物水泥砂浆找平，抹压耐碱玻纤网格布后再刮抹聚合物砂浆。

⑩板底腻子及乳胶漆施工，饰面层恢复。

裂缝处理及效果见图 5.4-5 和图 5.4-6。

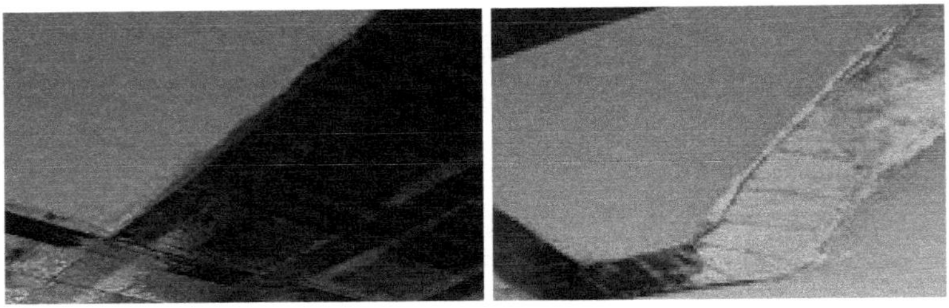

图 5.4-5　粘贴碳纤维布

图 5.4-6　板底维修后效果

编者注：对楼板出现的较深较宽（宽一般大于 0.3mm）或贯穿性裂缝，建议采用注射法或压力注浆法进行维修，因其施工工艺与裂缝渗漏维修（详见中篇渗漏维修做法实例）基本一致，故本书不再重复举例。当涉及混凝土楼板结构特别是有补强要求的裂缝维修时，其灌浆材料建议采用环氧基或无收缩水泥基灌浆材料。

5. 维修效果及成本

（1）维修效果

维修处理后经过对业主的回访得知，采用此类方法处理楼板开裂，后期均未再出现开裂现象。

（2）维修成本

经统计，裂缝数量大约 10 条，裂缝总长度约 10m，合计发生维修费用 1864 元，具体费用明细如下：

费用名称	材料名称	数量	单价（元）	合计（元）
人工费	—	5 工日	220	1100
材料费	碳纤维布	1 盘	80	80
	聚合物水泥砂浆	2 袋	20	40
	耐碱玻纤网格布	1 卷	18	18
	改性环氧树脂胶	1 桶	168	168
	粉刷腻子	1 袋	70	70
	乳胶漆	1 桶	388	388
合计				1864

6. 施工防控建议

针对住宅建筑楼板混凝土施工，特提出以下建议：

（1）控制预拌混凝土配合比和坍落度，其性能指标要与实际施工需求相匹配。

（2）保证支撑体系的刚度、承载力和整体稳定性。

（3）严格控制拆模时间，严禁大宗材料吊装时对楼板产生撞击。

（4）控制上人时间。混凝土浇筑完成后上人时间一般不小于 36h，冬期施工不小于 48h。

（5）楼板混凝土浇筑完成后 12h 内应进行保湿养护，养护时间不得少于 7d。

（6）加强住宅建筑投入使用后的管理，杜绝凿钻混凝土结构情况的发生。

5.4.2　实例02：客厅顶棚楼板开裂

该住宅建筑于 2015 年 7 月开工建设，地下 2 层，地上 18 层，层高 2.9m，建筑总高度为 55.6m，建筑面积 11000m^2，为现浇混凝土框架—剪力墙结构；设计采用筏板基础，现浇楼板板厚 100mm、120mm，楼板混凝土强度等级为 C30。工程竣工时间为 2017 年 7 月。

1. 问题描述

开裂发生时间为 2018 年 5 月。根据现场观察，顶棚部分区域涂料起皮、腻子脱落。铲除腻子层和石膏层后，房间顶棚出现多条较小裂缝，其中局部区域裂缝较宽，外观大致呈圆形。结合工程施工实际情况分析，该开裂部位应为施工用放线孔、泵管孔区域（图 5.4-7、图 5.4-8）。

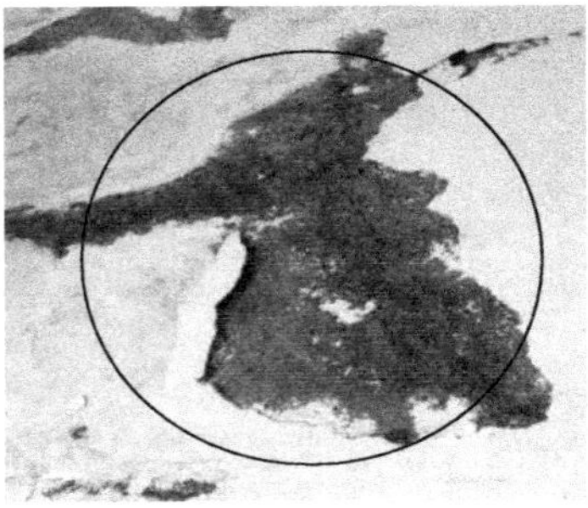

图 5.4-7　顶棚不规则裂缝

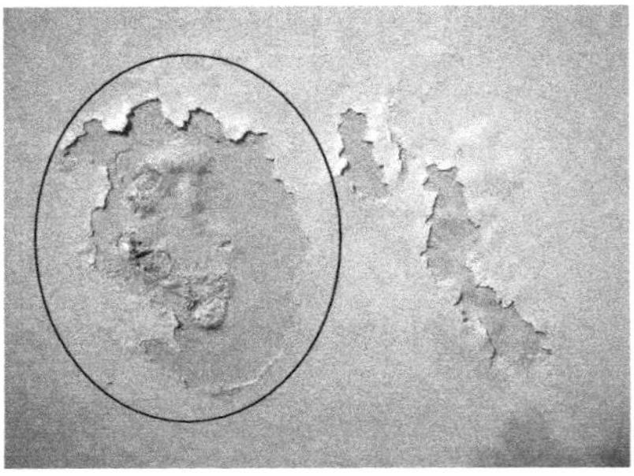

图 5.4-8　圆形分布裂缝

2. 原因分析

针对顶棚开裂出现的部位和形态，结合工程施工实践经验，技术人员作出如下原因分析：

预留泵管孔、放线孔是顶棚开裂的易发部位。该部位在后期浇筑混凝土时，未进行基层凿毛、涂刷界面处理剂等工序处理，导致新旧混凝土接茬质量差；混凝土浇筑振捣不密实，后期保湿养护不到位，干缩作用导致混凝土发生开裂，所以新旧混凝土接茬质量差和干缩作用引发变形是造成此开裂的主要原因。

3. 维修方案制定

根据上述主要原因分析，该裂缝为混凝土早期收缩引起的接茬裂缝，该住宅建筑已经使用接近 1 年时间，混凝土干缩变形已基本稳定，故拟采用剔槽嵌填聚合物水泥砂浆和抹压聚合物水泥砂浆加耐碱玻纤网格布的维修做法。

4. 维修处理过程

（1）主要材料及机具

铲刀、砂纸、聚合物水泥砂浆、耐碱玻纤网格布、腻子、乳胶漆、滚刷、抹子等。

（2）工艺流程

用铲刀铲除原粉刷石膏和腻子→对较宽裂缝剔凿 V 形槽→清理剔槽及混凝土基层→槽内抹压聚合物砂浆→大面涂抹聚合物水泥砂浆→压入耐碱玻纤网格布→粉刷腻子→乳胶漆施工。

具体维修过程（图 5.4-9~ 图 5.4-12）：

①清除板底装饰层，砂纸打磨露出混凝土基面。

②沿较宽裂缝剔凿成槽深和槽宽分别不小于 20mm 和 15mm 的 V 形槽。

③清理干净剔槽和混凝土基层。

④在 V 形槽内分层抹压聚合物水泥砂浆，待凝固后大面刮涂聚合物水泥砂浆并压入耐碱玻纤网格布。

⑤最后，进行腻子、乳胶漆面层施工。

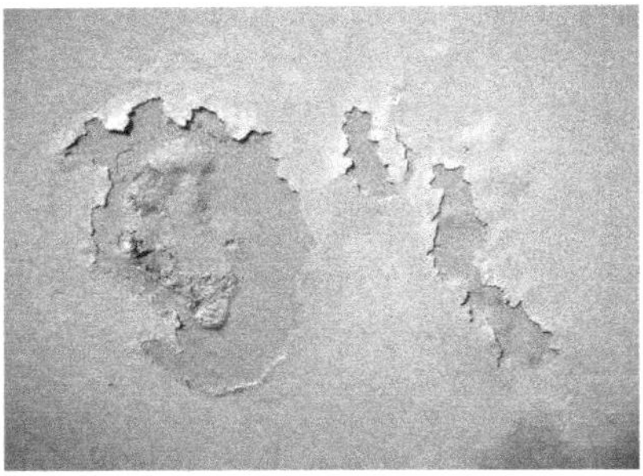

图 5.4-9　裂缝维修前情况

图5.4-10　铲除裂缝处石膏和腻子

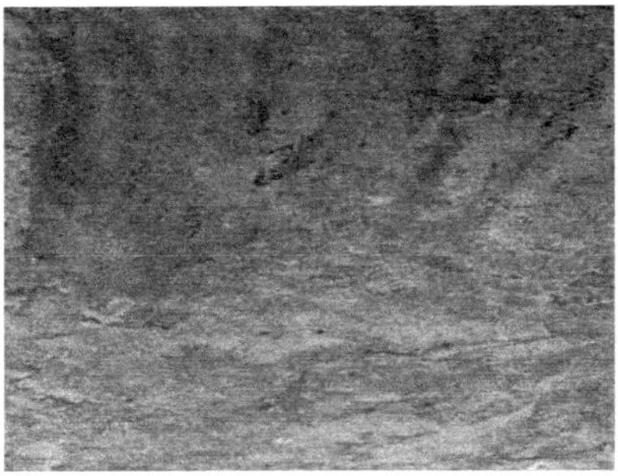

图5.4-11　涂抹聚合物水泥砂浆

图5.4-12　刮抹腻子和涂刷乳胶漆

5. 维修效果及成本

（1）维修效果

开裂起皮处理完毕半年后，经过对业主的回访得知，采用此类方法处理的泵管孔、放线口开裂问题，后期均未再出现，得到了物业单位和业主的一致认可。

（2）维修成本

经统计，总共 10 户存在楼板开裂起皮现象，总维修费用 1168 元，具体费用明细如下：

费用名称	材料名称	数量	单价（元）	合计（元）
人工费	—	4 工日	220	880
材料费	聚合物水泥砂浆	2 袋	25	50
	耐碱玻纤网格布	1 卷	18	18
	腻子	1 袋	20	20
	乳胶漆	1 桶	200	200
合计				1168

6. 施工防控建议

（1）泵管孔、放线孔等后期浇筑的混凝土，建议采用微膨胀性混凝土，浇筑前应对新旧接茬部位进行凿毛、植筋，浇水湿润并加强浇筑后混凝土保湿养护工作。

（2）装修阶段施工时，应当对泵管孔、放线孔、预留洞等后期浇筑混凝土易开裂薄弱部位进行单独粘结纤维织物等防裂处理，防止后期出现开裂而引起用户投诉。

5.4.3　实例03：卧室顶棚楼板开裂

该住宅建筑于2016年10月开工建设，地下2层，地上23层，总建筑面积13600m^2，主体为现浇混凝土框架—剪力墙结构，基础采用条基＋独立基＋抗水板，主楼地下室框架柱、剪力墙、连梁混凝土强度等级为C50，梁板楼梯强度等级C30；裙房地下室柱混凝土强度等级采用C40，梁板采用C30混凝土，毛坯交付。工程竣工时间为2018年5月。

1. 问题描述

开裂发生在2019年3月。接到用户投诉后，建设和施工单位技术人员会同物业公司一起，及时赶到用户家中。经现场查勘，主、次卧房间顶棚靠近中央位置乳胶漆起皮、脱落。局部铲除次卧顶棚涂料、腻子和石膏层后，发现现浇混凝土楼板板底多处存在无规则轻微开裂现象，其中一条较宽裂缝与灯具位置相连，所有裂缝宽度及深度都较小（图5.4-13、图5.4-14）。

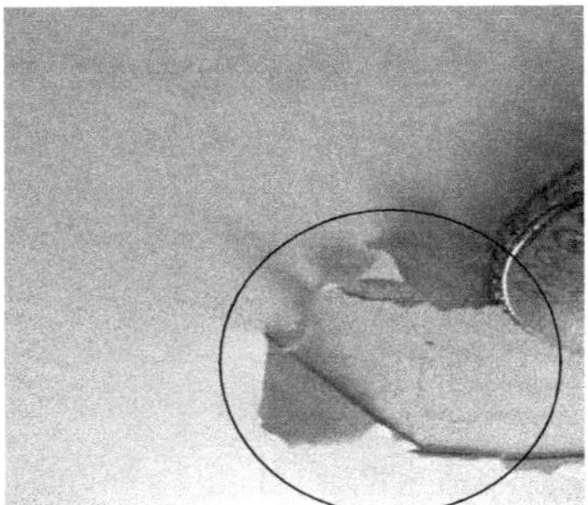
图5.4-13　板底不规则裂缝

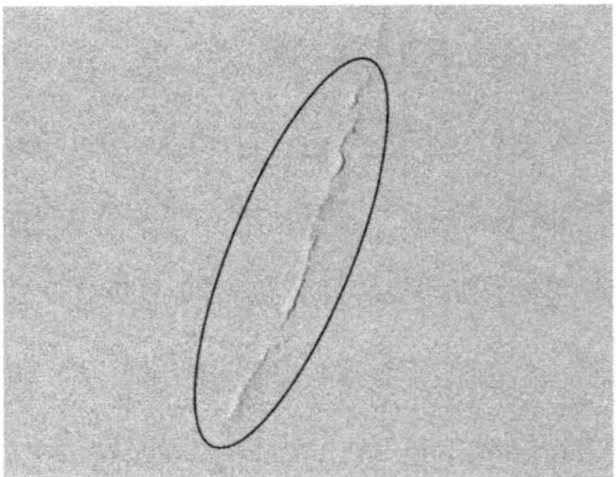
图5.4-14　灯具位置裂缝

2. 原因分析

针对该裂缝出现的部位、分布形态和开裂程度，结合现场实际情况，技术人员作出如下分析：

（1）楼板混凝土施工时采用泵送技术，其坍落度要求较大（160 ± 30mm），在水胶比控制不严格的情况下，多余的水分易引起混凝土强度下降，抗裂应力变小；粗骨料含量低，砂浆含量高，浇筑完成后拆模过早，又未及时进行保湿养护，混凝土自身干缩变形大，引起内拉应力增高。以上因素都是产生该裂缝的主要原因。

（2）预埋在混凝土中的电线管下移导致管下混凝土局部厚度减小，局部应力增高，这是导致楼板管线部位（局部）开裂的主要原因。

3. 维修方案制定

根据上述主要原因分析，结合该住宅板底各裂缝区域较小和已经使用 1 年时间的实际情况，建设单位会同施工单位相关技术人员制定如下维修方案：沿管线裂缝采用环氧树脂胶粘贴玻璃丝布和裂缝区域刮抹聚合物水泥砂浆进行表面封闭处理。

4. 维修处理过程

（1）主要材料及机具

环氧树脂胶、无蜡玻璃丝布、聚合物水泥砂浆、砂纸、腻子及乳胶漆、毛刷、抹子等。

（2）工艺流程

板底清理→沿管线裂缝涂刷环氧树脂胶→粘贴玻璃丝布→

刮抹聚合物水泥砂浆→腻子、乳胶漆施工。

具体维修过程（图 5.4-15、图 5.4-16）：

①铲除板底各裂缝区域及沿管线裂缝两侧 150mm 范围内粉刷石膏、腻子和涂料，砂纸打磨，露出混凝土基层。

②在管线裂缝两侧 150mm 范围内的清洁干燥基层上（建议采用丙酮擦拭），涂刷一遍环氧树脂胶。

③将 100mm 宽无蜡玻璃丝布沿管线裂缝进行铺贴，用毛刷涂刷布面，使之平整并浸透胶液。

④刷胶铺贴第二层玻璃丝布后再次刷胶，并撒粘细砂。

⑤环氧树脂胶固化后各裂缝区域刮抹聚合物水泥砂浆，并进行腻子找平、乳胶漆施工。

图5.4-15　铲除板底装饰层

图5.4-16　板底刮抹腻子

5. 维修效果及成本

（1）维修效果

维修后经回访物业单位，从采用该方案维修处理完成至今，顶棚未再出现开裂现象。

（2）维修成本

经统计，该小区有 3 户存在楼板开裂现象，总费用为 946 元，具体费用明细如下：

费用名称	材料名称	数量	单价（元）	合计（元）
人工费	—	2 工日	220	440
材料费	无蜡玻璃丝布	1 卷	18	18
	环氧树脂胶	1 组	168	168
	聚合物水泥砂浆	2 袋	25	50
	腻子	1 袋	20	20
	乳胶漆	1 桶	150	150
其他费用	室内恢复等	1 项	100	100
合计				946

6. 施工防控建议

针对住宅建筑混凝土楼板施工，特提出以下建议：

（1）加强预拌混凝土配合比设计管理，合理控制混凝土水胶比、粗骨料含量和砂率，降低材料自身干缩变形量。

（2）严格控制楼板施工板厚和钢筋保护层厚度。

（3）加强预埋电管位置措施管理，确保敷设于板厚中间位置，合理布置预埋管线走向，避免电气管线过于集中排放，过多削弱混凝土板有效断面，增加混凝土构件局部内拉应力。

（4）混凝土初凝前进行拍打振实，终凝前进行二次抹压，消除早期混凝土裂缝。

（5）混凝土浇筑完成应及时进行覆盖养护，确保保湿养护时间（一般不少于 7d），避免或减少出现干缩裂缝。

（6）严格控制楼板施工上荷载时间和拆模时间。

5.5 屋面保护层开裂维修

5.5.1 实例01：屋面水泥砂浆保护层开裂

该住宅建筑于2014年6月开工建设，地上6层，建筑总高度为21.35m，总建筑面积3258m^2，主体为混凝土框架—剪力墙结构，基础采用板筏基础。屋面设计为斜屋面，局部为上人平屋面，屋面保温层为80mm厚XPS挤塑聚苯保温板，防水层为3mm+4mmSBS防水卷材两道。工程于2016年6月竣工验收并投入使用。

1. 问题描述

2019年3月，小区物业公司反映屋面防水保护层开裂。经建设、施工单位相关人员现场观察，屋面防水保护层为水泥砂浆，施工时漏设分格缝，部分保护层开裂较为严重，裂缝呈现不规则分布，裂缝长度长短不一，宽度为1~2mm，周边裂缝较宽（图5.5-1）。现场对已开裂空鼓区域的防水保护层进行清除，发现水泥砂浆保护层下面还存在细石混凝土保护层。经了解，该屋面因原细石混凝土防水保护层起砂严重和强度不足，施工单位曾使用水泥砂浆进行过维修处理。

图5.5-1 工人正在清除开裂的水泥砂浆保护层

2. 原因分析

针对现场实际情况，结合工程实践经验，技术人员对该屋面防水保护层开裂作出如下分析：

（1）保护层处于露天状态，受季节及昼夜温差影响较大。该屋面前期维修采用水泥砂浆，含水率较高，受自身失水干缩影响大。水泥砂浆与原细石混凝土局部粘结不牢，保护层漏设分格缝，在温差和干缩作用下，保护层局部产生较大内应力，而水泥砂浆抗拉强度不高（抗裂应力小），造成保护层多处出现开裂现象。

（2）经了解，该小区前期缺乏物业管理维护，屋面水落口经常堵塞，造成屋面积水，受冻融、干湿交替作用等影响，保护层酥松、开裂。

3. 维修方案制定

该住宅建筑屋面前期维修后使用了近 2 年时间，屋面水泥砂浆保护层疏松、开裂严重，考虑到原细石混凝土保护层强度不足的实际情况，经建设、施工单位协商，决定将上人屋面水泥砂浆保护层全部铲除，采用细石混凝土重新进行保护层施工，该方案得到设计单位认可；

保护层具体做法是：40mm 厚 C25 细石混凝土保护层，ϕ4@100 双向抗裂钢筋网片，分格缝设置为 3m × 3m，面层增加抗裂钢丝网一道。

4. 维修处理过程

（1）主要材料及机具

C25 细石混凝土（泵送）、ϕ4@100 双向抗裂钢筋网、塑料薄膜、镀锌钢丝网片、20mm 厚 40mm 高挤塑聚苯板条、DP M15 抹灰砂浆、改性沥青防水油膏、泵车、汽车式起重机、提浆机、铁锨、抹子、嵌缝刀等。

（2）工艺流程

砂浆保护层铲除→垃圾清运→基层清理→蓄水试验→砂浆粘结固定挤塑板条→浇筑混凝土保护层→中部位置放置抗裂钢筋网→表面压贴钢丝网片→混凝土养护→清除分格缝内部分挤塑板条后用防水油膏嵌缝→蓄水试验。

具体维修过程：

①铲除砂浆保护层开裂疏松部位，将垃圾装袋（图 5.5-2）。

②汽车式起重机将屋面垃圾吊运至地面，清理屋面基层后进行屋面防水蓄水试验，蓄水检验合格后将材料、机具等吊运至屋面。

③采用 DP M15 抹灰砂浆粘结固定挤塑板条，间距为 3m。

④重新浇筑细石混凝土，$\phi4@100$ 双向抗裂钢筋网片放置于保护层中部位置，表面压贴镀锌钢丝网片，同时屋面排水坡度按不小于 2%、水落口局部 50cm 范围内按 5% 找坡。

⑤混凝土覆膜养护时间不小于 7d，将分格缝内挤塑板条自顶清理 15~20mm 深，施打防水油膏。

⑥施工完成后进行 24h 蓄水试验，确保屋面无渗漏。

图 5.5-2　铲除防水保护层后将垃圾装袋

5. 维修效果及成本

（1）维修效果

采用该维修处理方案，屋面防水保护层至今再未发现开裂现象。

（2）维修成本

经统计，该小区共 4 处上人屋面防水保护层局部开裂，平均每处开裂面积 35.4m²，开裂总面积 141.6m²，总费用为 11360 元，具体费用明细如下：

<table>
<tr><th>费用名称</th><th>材料名称</th><th>数量</th><th>单价（元）</th><th>合计（元）</th></tr>
<tr><td>人工费</td><td>—</td><td>12 工日</td><td>220</td><td>2640</td></tr>
<tr><td rowspan="3">材料费</td><td>C25 细石混凝土</td><td>$10m^3$</td><td>510</td><td>5100</td></tr>
<tr><td>ϕ4@100 双向钢筋网</td><td>$162m^2$</td><td>8</td><td>1296</td></tr>
<tr><td>镀锌钢丝网片</td><td>$162m^2$</td><td>2</td><td>324</td></tr>
<tr><td rowspan="2">其他费用</td><td colspan="3">汽车式起重机租赁费</td><td>1200</td></tr>
<tr><td colspan="3">改性沥青防水油膏、DP M15 抹灰砂浆、
20mm 厚 40mm 高挤塑聚苯板条、现场清运等</td><td>800</td></tr>
<tr><td colspan="4">合计</td><td>11360</td></tr>
</table>

6. 施工防控建议

（1）屋面防水施工应高度重视排水工作，施工时应保证大面和局部排水坡度准确。

（2）屋面防水刚性保护层应适当缩小分格缝间距，细石混凝土保护层建议纵横间距不超过 4m，以减少各“方”面积，降低保护层变形量。刚性保护层与女儿墙或山墙之间应预留宽度为 30mm 的分格缝，减少保护层对女儿墙横向推力和应力集中的影响。

（3）屋面保护层受外界气候影响较大，有关单位应做好日常维护工作，及时清理屋面排水通道，防止屋面积水。

5.5.2　实例02：屋面细石混凝土保护层开裂

该住宅建筑于 2014 年 8 月开工建设，地下 1 层，地上 18 层，设计层高 2.9m，总建筑面积 11252m^2，结构形式为混凝土框架—剪力墙结构，2016 年 7 月竣工验收。

屋面设计为上人屋面，采用正置式屋面建筑做法，建筑设计做法由下至上分别为：结构层（现浇混凝土楼板），找坡层（最薄处 20mm 厚 1：8 水泥珍珠岩，找坡坡度 2%），保温层（100mm 厚 XPS 挤塑聚苯保温板），找平层（20mm 厚 1：2.5 水泥砂浆），防水层（3mm+4mmSBS 卷材防水），防水保护层（50mm 厚 C20 细石混凝土）。

1. 问题描述

开裂问题发生在 2018 年 6 月。经现场观察发现，屋面细石混凝土保护层出现多处开裂情况，裂缝大部分呈现与分格缝方向平行分布，长短不一，宽度 1~2mm。保护层留设分格缝间距虽未超出规范 6m 要求，但现场发现缝深度仅有 10mm 左右。屋面保护层与女儿墙交接部位出现少量裂缝，其走向基本沿水平方向，宽度 1~2mm。屋面排水沟部位保护层局部开裂、脱落（图 5.5-3~ 图 5.5-5）。

图 5.5-3　屋面防水保护层开裂

图 5.5-4　女儿墙与屋面交接部位开裂

2. 原因分析

图 5.5-5　屋面排水沟部位保护层开裂起皮

针对该住宅屋面防水保护层开裂实际情况，技术人员作出如下开裂原因分析：

（1）屋面防水保护层在失水干缩和昼夜与四季温差（可达 40~50℃）产生热胀冷缩作用下，混凝土材料发生收缩变形明显；屋面保护层分格缝深度不足，细石混凝土在分格缝处未完全断开（分格缝深度应至防水层），保护层变形量增加，彼此约束面积增大，局部应力增高，当内应力大于保护层抗裂应力时即发生开裂，这是该屋面保护层开裂的主要原因。

（2）屋面排水沟部位是屋面有组织排水的重要通道，由于排水不畅，在此部位经常造成积水，积水渗透至屋面防水保护层内，经历冬季多次冻融循环和日常干湿交替作用影响，造成屋面在该部位面层开裂、脱落。

3. 维修方案制定

根据防水保护层开裂原因分析，技术人员作出如下维修方案：

对保护层已有分格缝和在已有分格缝之间进行切割（控制深度为 30~40mm，防止切割分格缝时伤及防水层），加大分格缝深度，缩短分格缝间距，填塞聚乙烯泡沫棒后嵌填改性沥青防水油膏；对开裂部位保护层（包括女儿墙横向裂缝）采用刮抹加胶水泥并敷设耐碱玻纤网格布的维修方案。

4. 维修处理过程

（1）主要材料及机具

切割机、P·O42.5 水泥、专用胶（混凝土渗透固化剂）、耐碱玻纤网格布、聚乙烯泡沫棒、改性沥青防水油膏、抹子、嵌缝刀等。

（2）工艺流程

切割分格缝→清理保护层→刮抹加胶水泥（水泥与胶拌合比例按产品说明书）→铺贴耐碱玻纤网格布→刮抹加胶水泥→清理分格缝→分格缝嵌填背衬材料和改性沥青防水油膏→施工清理（图 5.5-6、图 5.5-7）。

5. 维修效果及成本

（1）维修效果

屋面保护层开裂维修完毕 1 年后，对投诉业主进行再次回

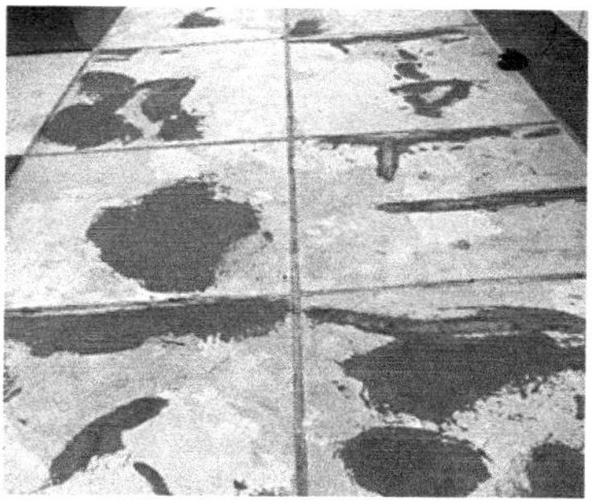

图 5.5-6　裂缝维修过程中

图 5.5-7　裂缝维修后效果

访得知，采用此方案维修的细石混凝土屋面保护层，后期未再出现大面积开裂，维修效果得到了物业单位和业主的一致认可。

（2）维修成本

经统计，现场维修总费用为 5730 元，具体费用明细如下：

费用名称	材料名称	数量	单价（元）	合计（元）
人工费	—	10 工日	220	2200
材料费	耐碱玻纤网格布	1 卷	180	180
	切割机割缝	100m	20	2000
	改性沥青防水油膏	150kg	4	600
	P・O42.5 水泥	10 袋	15	150
	混凝土渗透固化剂	6 桶	100	600
合计				5730

6. 施工防控建议

（1）屋面防水刚性保护层施工时，要适当缩小分格缝间距；规范规定细石混凝土保护层分格缝间距不应大于 6m，建议实际施工时不宜超过 4m。

（2）施工时应在保护层中部设置抗裂钢筋网，改变内部变形状态分布，均分保护层内应力，提高保护层抗开裂能力，同时分格缝处抗裂钢筋网应断开，消除保护层各“方”约束联系，减少混凝土干缩和温差变形，降低内应力。

（3）刚性保护层与女儿墙或山墙之间应预留宽度为 30mm 的分格缝，一是降低水平和竖向交接处应力集中影响，二是减少刚性屋面防水保护层对女儿墙的水平推力影响。

（4）施工和维修过程中应加强混凝土保护层湿作业后的保湿养护工作。

（5）严格按照设计和规范要求做好屋面排水坡度（按照《屋面工程技术规范》GB 50345—2012 的规定，采用结构找坡，坡度不应小于 3%；采用材料找坡，坡度宜为 2%），防止出现排水不畅造成积水导致屋面产生渗漏现象。

（6）建筑密封材料建议采用硅酮耐候密封胶。

5.6 其他部位开裂维修

5.6.1 实例01：石膏板吊顶洞口拐角部位开裂

该住宅项目共有 50 栋别墅，于 2016 年 4 月开工建设，总建筑面积 17000m^2，建筑结构为混凝土现浇框架结构；每栋别墅地下 1 层，地上 3 层，每栋别墅建筑面积 340m^2，每栋别墅建筑总高度为 12.5m，精装修交付。室内房间吊顶采用轻钢龙骨和双层 9.5mm 厚石膏板，腻子乳胶漆罩面。工程竣工时间为 2017 年 10 月。

1. 问题描述

开裂问题发生时间为 2018 年 1 月，根据现场观察，裂缝主要出现在吊顶造型、通风口拐角处，呈八字形分布（图 5.6-1），部分斜向裂缝穿过筒灯口（图 5.6-2）。

图5.6-1　吊顶造型拐角处开裂

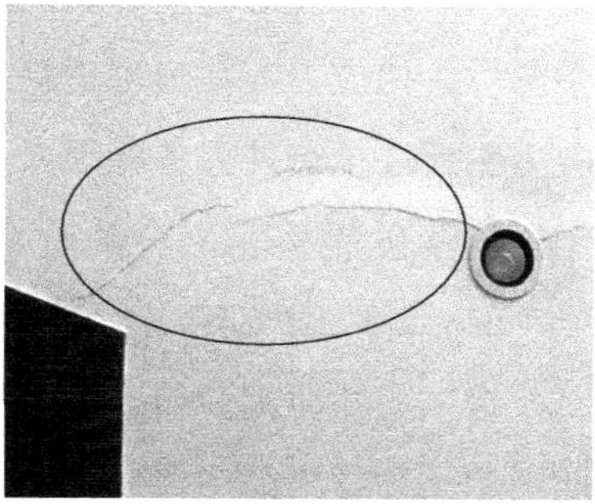

图 5.6-2　筒灯部位横穿裂缝

2. 原因分析

石膏板吊顶开裂，是住宅建筑装饰常见质量问题。结合工程实际和以往工作经验，该住宅吊顶产生开裂的主要原因有：

（1）该住宅使用后正值供暖初期，室内气温高低转换，吊顶材料受环境温度变化影响较大，一是在温差作用下，石膏板、腻子等吊顶材料自身产生热胀冷缩，二是吊顶材料含水率变化引起干缩，这些收缩变形都会在吊顶内部产生内拉应力，当吊顶材料抗裂应力即抗拉极限强度无法抵抗内拉应力时，就会产生开裂。

（2）该住宅吊顶拐角部位石膏板未用大板裁割成“L”形或“T”形，而采用直接拼接方式，造成吊顶局部连接处抗裂应力过小，抵抗开裂能力不足，导致吊顶拐角开裂。

（3）该住宅吊顶凹槽造型背板采用阻燃板制作，拐角部位板与板之间采用钉连，未采用金属连接件连接固定等加强措施，木材受温差和干缩作用引起的胀缩变形与石膏板差别较大，变形不协调导致石膏板受拉开裂。

（4）吊顶筒灯开口、通风口、凹槽造型拐角处都是应力集中部位，内应力存在突增现象，当材料的抗拉强度（或称抗裂应力）无法抵御外界各种因素在该处产生的内拉应力时，该部位吊顶就会发生开裂。

3. 维修方案制定

根据上述原因分析，结合该住宅使用的实际情况，可以判定引起吊顶裂缝的主要原因是温差、干缩作用下材料收缩变形产生内拉应力导致开裂。在吊顶中解决收缩变形引起内应力问题的途径主要有三个，一是降低环境温差作用，减少吊顶材料变形，但采用此措施有难度；二是减少彼此约束采用“放”的方式，如在吊顶“敏感”部位预先设置分格缝或采用具有一定变形能力材料；三是提高吊顶抗开裂能力采用“抗”的方式，如加强薄弱部位连接构造。针对该住宅目前状况，采用以“抗”为主、以“放”为辅的“刚柔结合”方式进行维修更为合理。为此，建设、施工等单位制定了拆除洞口周围石膏板，拐角部位背板增设镀锌铁皮连接片，拐角石膏板裁割成“L”形，接缝处加贴抗裂网片，饰面层腻子改为外墙用柔性弹性腻子，提高拐角部位抗裂能力的维修方案（图 5.6-3）。

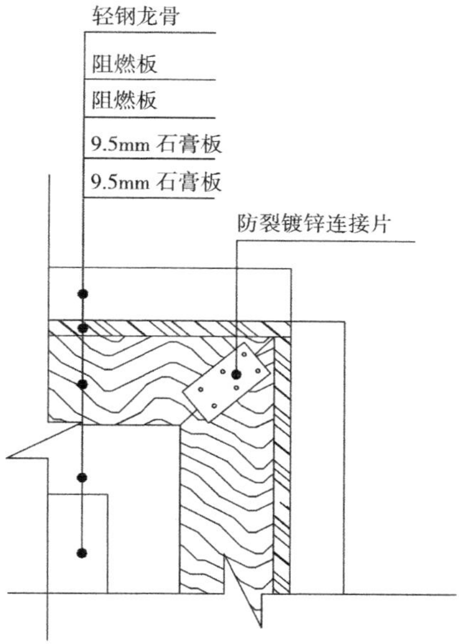

图 5.6-3　转角部位开裂维修方案

4. 维修处理过程

（1）主要材料及机具

切割机、射钉枪、耐碱玻纤网格布、白乳胶、粉刷石膏、腻子、乳胶漆、镀锌铁皮连接件、滚刷、抹子等。

（2）工艺流程

石膏板局部拆除→基层拐角部位加设镀锌铁皮连接件→洞口侧及拐角“L”形石膏板安装→石膏加胶嵌缝→粘贴耐碱玻

纤网格布→粉刷石膏找平→刮抹外墙用柔性弹性腻子→砂纸打光→乳胶漆施工。维修过程如下（图 5.6-4~ 图 5.6-12）。

图 5.6-4　石膏板局部拆除

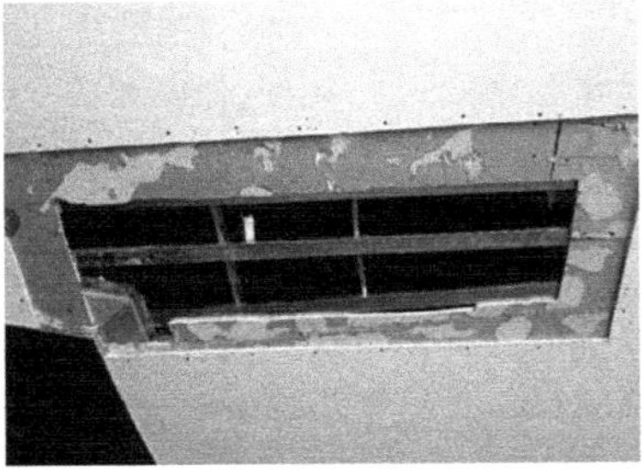

图 5.6-5　第一层和第二层板错缝拆除

图 5.6-6　拐角处开裂

图 5.6-7　镀锌铁皮加固

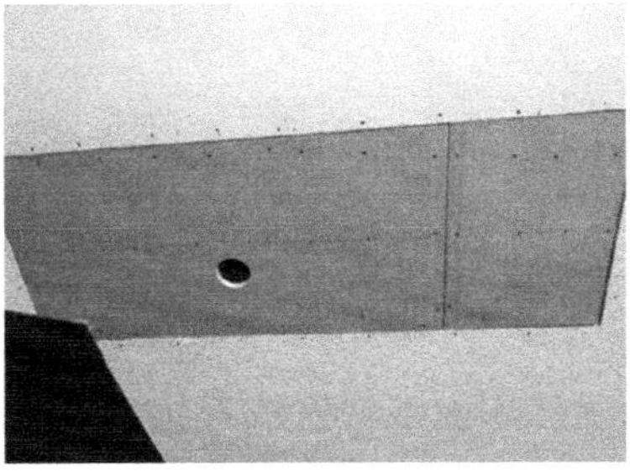

图 5.6-8　石膏板封板

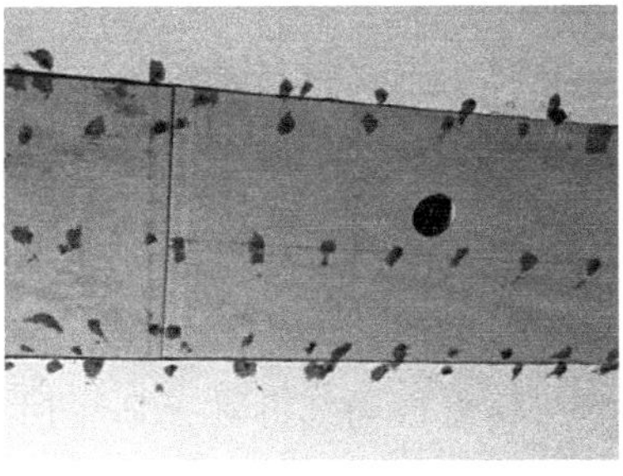

图 5.6-9　钉眼防锈处理

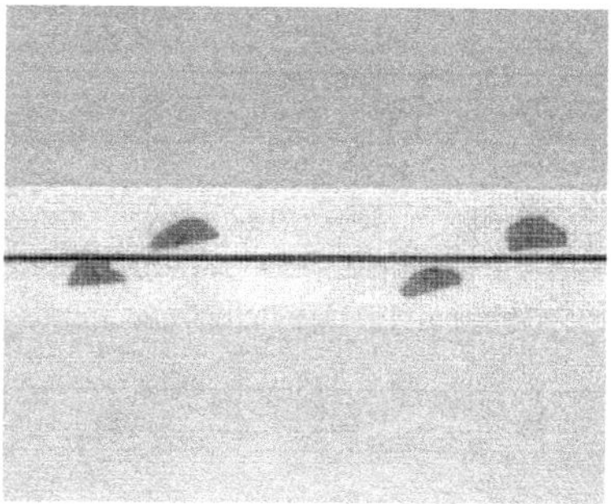

图5.6-10　粘贴耐碱玻纤网格布

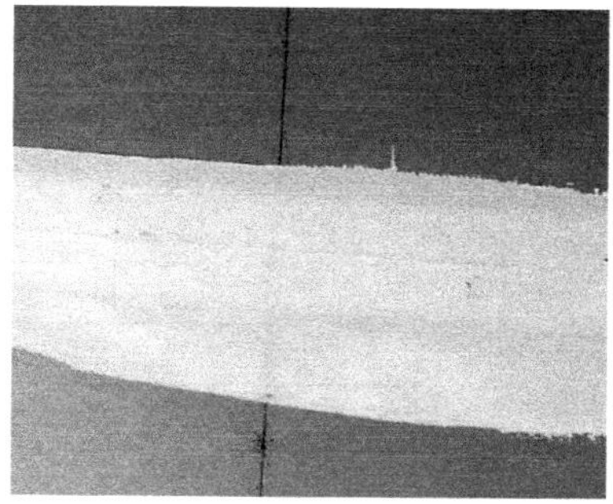

图5.6-11　粉刷石膏抹平

5. 维修效果及成本

（1）维修效果

裂缝维修 1 年后，经过对业主的回访，采用此类方法处理的吊顶裂缝，大部分拐角石膏板未再出现开裂问题，得到了物业单位和业主的认可。

图5.6-12　腻子乳胶漆面层施工

（2）维修成本

经统计，总共 10 户存在裂缝，裂缝数量为 13 条，裂缝总长度 11.7m，总费用 2553 元，具体费用明细如下：

费用名称	材料名称	数量	单价（元）	合计（元）
人工费	—	4 工日	220	880
材料费	轻钢龙骨	13m	5	65
	石膏板	6.5m^2	8	52
	自攻螺钉	1 盒	20	20

续表

费用名称	材料名称	数量	单价（元）	合计（元）
材料费	防锈漆	1 桶	80	80
	石膏粉	1 袋	20	20
	耐碱玻纤网格布	$43m^2$	2	86
	外墙用弹性腻子	25 袋	30	750
	乳胶漆	1 桶	300	300
其他费用	镀锌铁皮、白乳胶、室内恢复等	1 项	300	300
合计				2553

6. 施工防控建议

（1）建议在吊顶拐角等连接薄弱部位的背板上，加设镀锌铁皮连接件，减少连接变形，提高吊顶拐角部位抗开裂能力；在拐角等应力集中部位应将石膏板裁割成“L”形或“T”形板后进行拼装，不得在拐角处直接接缝，并在接缝处增设耐碱玻纤网格布，以提高饰面层抗裂应力，避免开裂现象的发生。

（2）当石膏板吊顶长度大于 12m 或遇建筑结构伸缩缝时，应当设置吊顶伸缩缝，装饰层与基层龙骨必须全部断开。

（3）为减少石膏板吊顶开裂，建议采用错缝粘贴的双层石膏板，并在两层石膏板之间满涂白乳胶，同时石膏板接缝宽度应均匀一致且不宜太大，建议控制在 4~7mm。

5.6.2　实例02：石膏板吊顶边缘阴角部位开裂

该住宅项目共有 3 个楼座，每个楼座 1 层至 6 层为精装修，项目施工总面积为 $37700m^2$，2019 年 3 月精装施工单位进场施工，工程结构形式为混凝土框架—剪力墙结构，外立面装饰采用干挂石材。

该住宅建筑顶棚采用石膏板吊顶，顶层部分房间吊顶吊杆长度大于 1.5m，未按规定设置反支撑，阴角处刮抹粉刷石膏及腻子，粘贴成品阴角条。

1. 问题描述

开裂发生时间为 2019 年 5 月，吊顶腻子施工完成 1~2 个月后，顶层部分房间石膏板吊顶阴角部位陆续出现开裂问题。经现场观察，这些裂纹有的呈现出较规则的波浪状（图 5.6-13），有些呈现出不规则的阶梯状（图 5.6-14）。

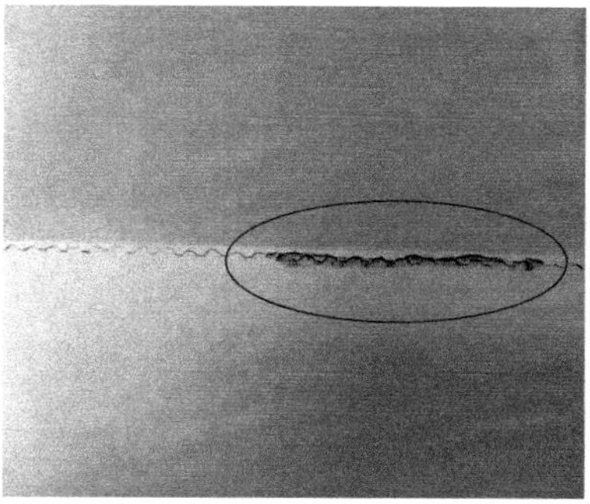

图5.6-13　波浪状裂缝

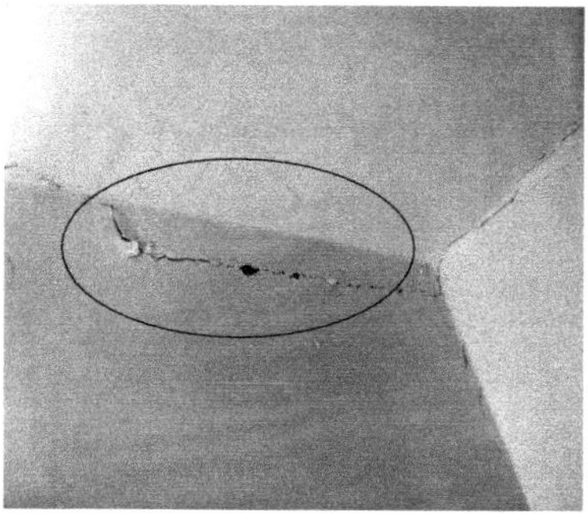

图5.6-14　阶梯状裂缝

开裂部位经过现场敲击发现，腻子层出现起皮、脱层；铲除腻子层后，发现粉刷石膏与阴角条出现粘结不牢现象（图 5.6-15），部分阴角条已从中间断裂产生自然脱落情况（图 5.6-16）。

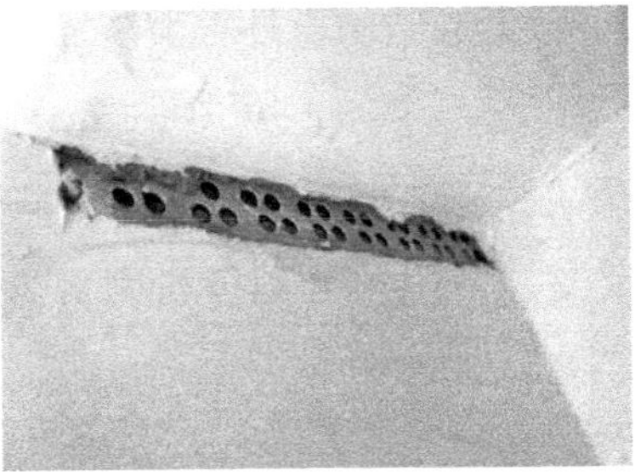

图5.6-15 石膏与腻子脱层

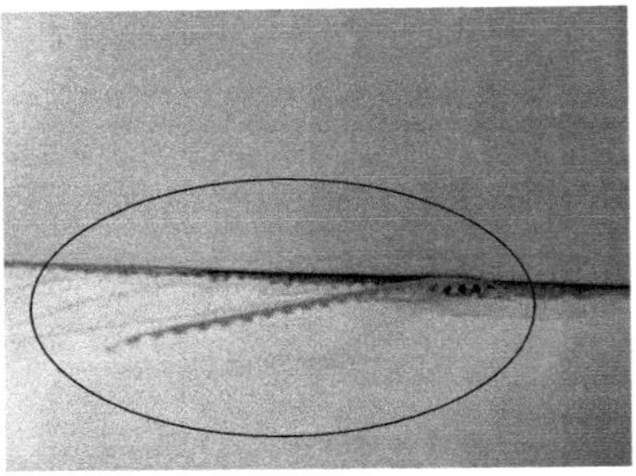

图5.6-16 阴角条脱落

2. 原因分析

根据住宅吊顶现场实际状况，结合工程实践经验，对上述裂缝的出现作出如下原因分析：

（1）4 月至 5 月正值春季空气干燥及房间穿堂风风速较大时期，吊顶饰面层受环境影响干缩变形较大，位于应力集中部位的阴角内应力增高；该吊顶吊杆未设置反支撑，在风荷载和风压压差作用下产生振动和变形，同时主龙骨安装未按房间短向跨度起拱，作为吊顶“支座”的阴角部位处于反复受拉状态，“带动”粘结于吊顶的阴角条变形位移，这是阴角条出现脱落和饰面层出现脱层开裂的主要原因。

（2）粘贴阴角条时采用点粘方式施工，造成阴角条与基层粘结不牢固，这是阴角条局部脱落和吊顶角部饰面层开裂、脱层的次要原因。

3. 维修方案制定

根据问题原因分析，结合工程现状，采取提高吊顶阴角处粉刷饰面层抵抗开裂能力是解决该问题简单而有效的途径，故采用以下维修方案：首先用壁纸刀把阴角条割断，再用刮板铲除阴角条，最后在阴角处刮抹粉刷石膏加耐碱玻纤网格布进行找补修直。

4. 维修处理过程

（1）主要材料及机具

切割机、壁纸刀、耐碱玻纤网格布、粉刷石膏、腻子、乳胶漆、滚刷、抹子等。

（2）工艺流程

切割阴角条→铲除阴角条→基层清理→加胶石膏嵌缝→粘贴耐碱玻纤网格布→粉刷石膏找平→内墙腻子、乳胶漆施工（图 5.6-17~ 图 5.6-22）。

图 5.6-17　切割阴角条

图 5.6-18　铲除阴角条

图5.6-19　基层清理

图 5.6-20　加胶石膏嵌缝

图5.6-21　粘贴耐碱玻纤网格布

图5.6-22　刮抹腻子

5. 维修效果及成本

（1）维修效果

采用该方案处理后，吊顶阴角处再未出现开裂现象，得到了物业单位、业主的认可。

（2）维修成本

经统计，该小区共21户出现开裂问题，裂缝数量为65条，裂缝总长度182m，总费用为3885元，具体费用明细如下：

费用名称	材料名称	数量	单价（元）	合计（元）
人工费	—	10工日	220	2200
材料费	石膏粉	5袋	25	125
	腻子粉	5袋	20	100
	乳胶漆	1桶	500	500
	耐碱玻纤网格布	20卷	18	360
其他费用	卫生清理	1项	600	600
合计				3885

6. 施工防控建议

（1）吊顶内吊杆高度超过 1.5m 时，应按照规范规定设置反支撑（建议采用 L30 × 30 × 3 等边角钢）；吊杆高度大于 3m 时，应当设置钢架转换层，保证吊顶整体稳定性；房间面积不大于 $50m^2$ 时，吊顶宜按房间短向跨度的 1‰ ~3‰起拱，房间面积大于 $50m^2$ 时，宜按房间短向跨度的 3‰ ~5‰起拱；当吊杆与设备相遇时，应调整吊杆位置或增设数量。

（2）在吊顶与墙面交界阴角处，建议设置可变形的凹槽暗缝或采用配套设有边角的边龙骨。

（3）造型复杂的高低跌级、边带、转角、洞口、灯槽等部位，可通过缩小固定点（吊杆）间距、加密覆面龙骨、设置镀锌铁皮拉结、增加斜撑龙骨等措施，减少吊顶变形，降低开裂发生率。

5.6.3　实例03：饰面砖墙面阳角部位开裂

该住宅建筑于 2016 年 9 月开工，地下 1 层，地上 18 层，层高为 2.9m，建筑总高度为 56.8m，总建筑面积 $10578m^2$，结构类型为混凝土框架—剪力墙结构，精装交付。工程于 2018 年 9 月竣工验收并交付使用。

1. 问题描述

问题发生时间为 2019 年 4 月，厨房、卫生间墙面饰面砖阳角部位发生开裂，裂缝宽度 1~2mm，靠近裂缝部位的饰面砖有空鼓松动情况（图 5.6-23）。

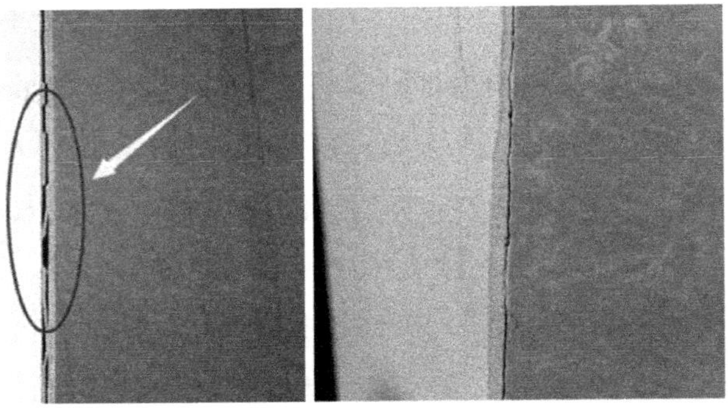

图 5.6-23　饰面砖阳角部位开裂

2. 原因分析

根据开裂发生的部位、状态以及饰面砖粘贴施工工艺，对该裂缝出现原因作出以下分析：

（1）该住宅厨房、卫生间饰面砖粘贴采用传统的施工工艺做法，即在阳角处采用 45° 倒角粘贴工艺。这种工艺效果美观，但其做法质量完全依赖施工人员操作水平。工人在施工操作过程中，为使倒角部位便于施工拼接，往往在碰尖局部区域涂抹粘结砂浆不饱满，导致倒角部位粘结不牢而发生空鼓、开裂，这是饰面砖阳角开裂原因之一。

（2）墙面饰面砖阳角，处于墙体的转角部位，是墙体抹灰层和装饰层宜开裂区域（该部位受到来自不同方向收缩应力影响，为应力集中部位）。在材料干缩和温差作用共同影响下，装饰层在阳角部位产生的内拉应力大于饰面砖嵌缝材料与饰面砖之间的抗裂应力即粘结强度，造成阳角部位开裂，这是饰面砖阳角开裂原因之二。

3. 维修方案制定

根据上述原因分析，结合工程实际，施工单位采用以下维修处理方案：

将空鼓、开裂的饰面砖铲除，采用专用胶粘剂重新粘贴饰面砖，并在阳角部位设置成品阳角拉条，将原来 45° 倒角工艺改为 90° 拼接处理，在饰面砖与拉条之间设置引导缝，利用拉条构造封闭遮盖引导缝。

4. 维修处理过程

（1）主要材料及机具

饰面砖、瓷砖用胶粘剂、成品阳角拉条、皮锤、抹子等。

（2）工艺流程

饰面砖清除→基层处理→饰面砖粘贴→安装成品阳角拉条（图 5.6-24、图 5.6-25）。

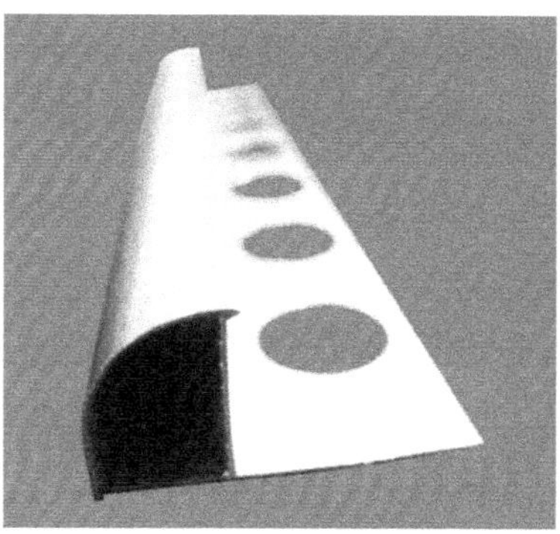

图 5.6-24　成品阳角拉条

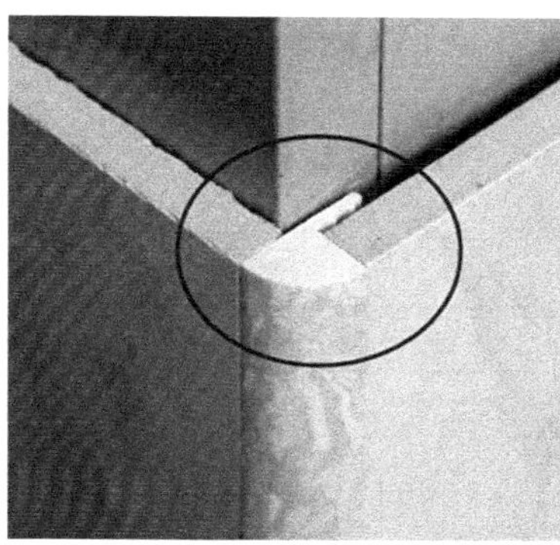

图 5.6-25　成品阳角拉条碰尖示意

5. 维修效果及成本

（1）维修效果

采用上述方法维修处理后，该部位再未发生外观开裂现象，维修后效果见图 5.6-26。

图 5.6-26 维修后效果

（2）维修成本

经统计，该小区共有 10 户出现上述情况，总费用为 11100 元，具体费用明细如下：

费用名称	材料名称	数量	单价（元）	合计（元）
人工费	—	10 工日	220	2200
材料费	饰面砖	180 片	45	8100
	瓷砖用粘结剂	20 袋	25	500
	阳角拉条	30m	10	300
合计				11100

6. 施工防控建议

该住宅维修采用成品阳角拉条，降低了阳角饰面砖粘贴施工操作难度，而且通过在拉条与饰面砖间设置引导缝，采用“放”的方式解决变形开裂问题，是值得提倡推广的治裂思路。

5.6.4　实例04：室外散水开裂

该住宅建筑于 2016 年 5 月开工建设，地下 2 层，地上 16 层，层高 2.9m，总建筑面积为 9650m^2，结构形式为混凝土框架—剪力墙结构，采用独立柱基加筏板基础；室外散水宽度为 900mm，采用基层素土夯实，100mm 厚碎石垫层上覆 80mm 厚 C20 混凝土，每隔 6m 设置一道伸缩缝，采用柔性沥青砂浆嵌缝。工程于 2018 年 11 月竣工交付。

1. 问题描述

开裂问题发现于 2019 年 3 月。经现场查勘，一条裂缝发生在室外散水转角处，与散水外围回填土裂缝相贯通（图 5.6-27），转角 45° 方向伸缩缝深度较浅；另外一条裂缝发生在散水与主楼外墙交界处，外侧回填土有明显下沉开裂现象（图 5.6-28）。

2. 原因分析

针对该住宅实际情况，技术人员对散水开裂原因作出以下分析：

（1）经查看图纸和施工日志，该住宅室外回填土设计压实系数为 0.94，因工期紧张，施工时回填土未按规定进行分层夯

图 5.6-27　散水转角处裂缝

图 5.6-28　主楼与散水交界处裂缝

实，实际压实系数达不到设计要求，造成回填土后期下沉，并引发散水产生不均匀沉降，在散水混凝土内部产生内拉应力和剪应力，这是引起散水开裂的主要原因。

（2）经过冬季冻胀，春天气温回暖解冻，引起室外回填土不均匀下沉，这是造成开裂的次要原因。

（3）混凝土散水留设伸缩缝间距过大、深度较浅，在沉降和温差共同作用下变形较大，在受到不同区域较强约束后引发混凝土内拉应力增高,这是造成散水出现裂缝的另外一个原因。

3. 维修方案制定

根据工程实际和开裂原因分析，该住宅室外回填土沉降并未完成，后期仍会发生少量下沉情况。增加伸缩缝数量，缩小伸缩缝间距，伸缩缝处混凝土上下完全断开，减少散水混凝土彼此约束作用，降低混凝土中内应力，并使散水与回填土下沉变形相协调，这是解决散水开裂的主要思路。为此制定如下维修方案：

对已开裂混凝土局部清除，增设伸缩缝，重新浇筑 C20

混凝土（散水内部敷设抗裂钢筋网）；对原有伸缩缝间距过大散水段，在中间增加一道新伸缩缝；对所有分格缝进行清理，未彻底断开的分格缝重新切割至垫层；所有分格缝采用柔性沥青砂浆嵌填。该住宅室外散水构造做法见图 5.6-29。

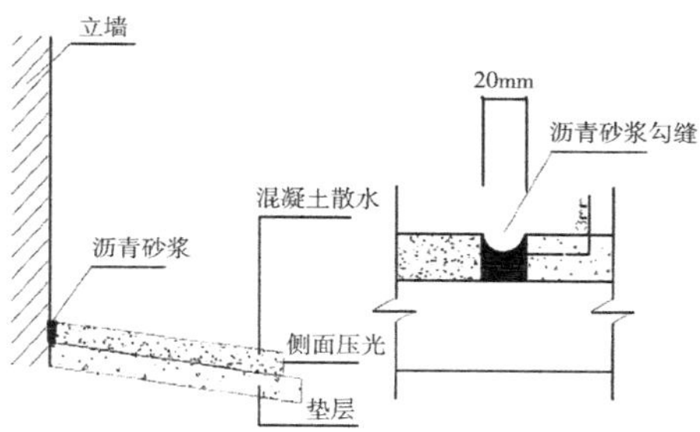

图 5.6-29　室外散水构造做法

4. 维修处理过程

（1）主要材料及机具

打夯机、切割锯、C20 混凝土、ϕ4@100 双向抗裂钢筋网、柔性沥青砂浆、电镐、抹子、小型提浆机等。

（2）工艺流程

混凝土局部破除→修补清理垫层→在新旧混凝土间留设伸缩缝→混凝土浇筑随打随抹（散水中部加 ϕ4@100 双向抗裂钢筋网）→混凝土养护→原有分格缝加深切割→切割新增分格缝→嵌填柔性沥青砂浆（图 5.6-30~ 图 5.6-32）。

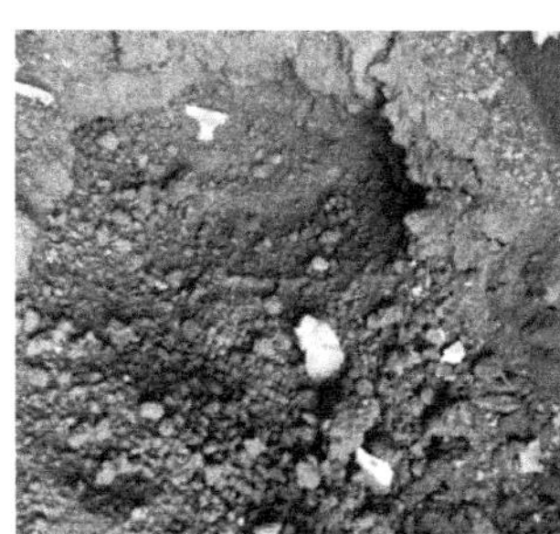

图 5.6-30　混凝土局部破除

图5.6-31 混凝土浇筑

图 5.6-32 分格缝嵌填柔性沥青砂浆

5. 维修效果及成本

（1）维修效果

该散水裂缝处理完毕后至今，均未再出现开裂情况。

（2）维修成本

经统计，对该住宅室外散水开裂问题进行维修总费用为954元，具体费用明细如下：

费用名称	材料名称	数量	单价（元）	合计（元）
人工费	—	2工日	220	440
材料费	ϕ4@100钢筋网	3m^2	8	24
	C20混凝土	0.5m^3	400	200
	柔性沥青砂浆	1袋	30	30
其他费用	拆除回填清理等	1项	260	260
合计				954

6. 施工防控建议

（1）室外回填土应严格按照设计或规范要求选择回填材料并进行分层夯实，夯实效果应进行密实度检验，检验结果应符合设计要求。

（2）散水宜按不大于 4m 间距留设伸缩缝，在转角部位应留设 45° 方向分格缝，分格缝应从混凝土底部以上彻底断开。

（3）混凝土内宜增设抗裂钢筋网，浇筑完成后应及时进行覆盖保湿养护。

附录 1

青岛市开展住宅工程渗漏开裂治理“两大行动”情况介绍

“民之所望，施政所向。”为有效解决住宅建筑渗漏开裂等质量常见问题，不断提高人民群众对住房质量满意度，2018年6月青岛市城乡建设委员会（现青岛市住房和城乡建设局）在全市范围内开展了为期两年的住宅工程渗漏开裂专项治理“两大行动”。通过专项治理，显著提高了全市住宅建筑总体质量水平，全市有效质量投诉总量同比下降15.9%。

自“两大行动”开展以来，青岛市住房和城乡建设局从进一步提升各方主体质量意识、进一步增强各方主体推进动力、进一步激发各方主体创新活力三个方面出发，制定实施了专项治理“十项措施”，深入推动住宅建筑渗漏开裂治理“两大行动”的开展。

一是加强目标贯彻落实和人员技能培训，全面提高从业人员质量意识和技术水平，层层传导压力，压紧压实责任。充分利用春节后建筑工地复工前的时间，组织青岛市建筑行业管理人员1600余人进行专项技术培训。培训以专家授课方式为主，重点培训了住宅建筑渗漏开裂问题防控、设备安装管理规定、监督抽检管理规定等内容。人员技能培训见附图 1–1。

附图 1–1　人员技能培训

对“两大行动”治理成效不明显、存在渗漏开裂问题较多的住宅建筑责任主体，采取预警约谈等方式，督促各方加强质量管控。2019 年共组织约谈 50 次，约谈 300 余人，将渗漏开裂问题消除在交付使用之前。组织约谈见附图 1–2。

附图 1–2　组织约谈

二是强化监督抽查和监督抽测，严管责任主体质量行为，严控建材产品质量，严查工程实体质量。2019 年，仅青岛市市南区、市北区、李沧区建筑工程质量监督抽测实体、材料就达 3500 余批次、点位，特别强化了对建筑外窗、防水材料的监督抽测。对抽测发现存在质量问题的建筑材料立即责令清退，对建筑实体抽测发现的问题立即责令整改，坚决杜绝“带病”使用和“带病”验收。监督抽测见附图 1–3。

附图 1–3　监督抽测

三是加大对违法违规行为的责任追究和曝光力度，对检查发现存在渗漏开裂质量问题较多住宅建筑的各方责任主体，及时向社会公示。2019 年度共组织青岛市住宅建筑质量巡查 6 次，累计巡查在建住宅项目 300 余个，下达整改书 150 余份，提出整改意见 900 余条。住宅建筑质量巡查见附图 1–4。

四是组织优秀项目现场观摩（附图 1–4），通过座谈交流、现场演示、实物展示等形式，推广“两大行动”优秀措施应用，以先进带动后进，用典型促进提升。2019 年 3 月 12 日，在山东外贸职业学院人才公寓项目召开了 2019 年青岛市住宅工程

附图 1-4　住宅建筑质量巡查

渗漏开裂专项治理“两大行动”现场会，青岛市各级住房城乡建设主管部门、建筑工程质量监督机构和部分建设、施工、监理企业分管领导和质量技术部门负责人、项目负责人等共约 1000 人参加了现场会。7 月 2 日，在 OceanWe 国际海洋创新工坊和朱家洼社区安置区住宅项目，两个项目同步组织召开了 2019 年青岛市建筑工程质量管理标准化示范工程暨渗漏开裂专项治理现场观摩会，对优秀创新做法进行了展示观摩，青岛市建筑业相关企业质量技术负责人、质量技术管理人员及有关人员共 2500 余人参加了观摩会（附图 1-5）。

（a）观摩会启动

（b）观摩会现场

（c）观摩会现场的材料

附图 1-5　观摩会

五是积极推行业主代表参与验房制度，新交付住宅小区试行主动回访制度。分别在刘家下河社区安置房等住宅项目推行业主代表参与验房制度，在青岛中南世纪城三期等新交付住宅小区试行主动回访制度，充分发挥了人民群众的监督作用，有效促进了各方责任主体积极落实维修责任，提高工程质量管理意识，得到了人民群众热烈响应。业主代表参与验房见附图 1-6。

附图 1-6　业主代表参与验房

六是严格把控质量验收程序，加强分户验收比对复核（附图 1-7），杜绝分户验收弄虚作假、走过场、走形式，对发现渗漏开裂质量问题较多的住宅建筑项目，实行竣工验收前渗漏开裂专项检查，彻底打消个别责任主体消极应付的念头。

附图 1-7　分户验收比对复核

七是实行优质工程免检公示制度。山东外贸职业学院人才公寓项目等两个试点项目在建设过程中能够较好地把渗漏开裂专项治理“两大行动”相关要求落到实处，工程质量持续保持有效受控状态，在建设过程中经多次监督检查，未发现明显质量缺陷。对此类“两大行动”推进有力、成效显著的优质工程，竣工验收前免联检，并通过新闻媒体向社会公示（附图 1-8）。

八是通过优质工程免检、公示，激励建设单位为施工、监理单位开展“两大行动”提供必要的工期、资金保障和奖励支持，营造良好创新环境。

九是开展“两大行动”优秀创新措施评选活动，评选有效解决渗漏开裂问题的创新施工工艺、创新管理办法，在青岛市住房和城乡建设局网站予以公示，组织全市观摩学习，并对有关责任主体给予考核加分等奖励。2019 年 7 月，“两大行动”

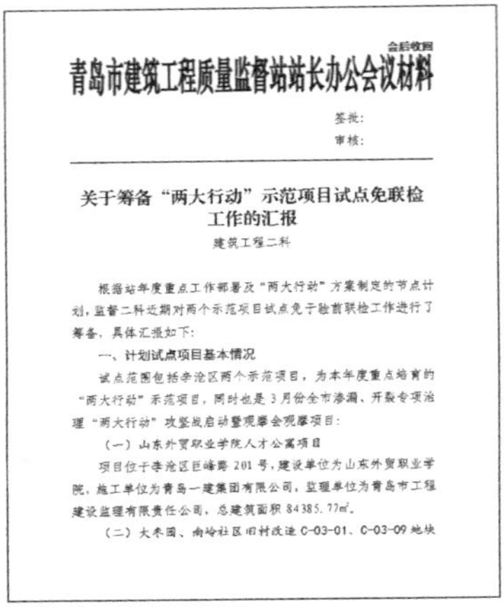

会后收回

青岛市建筑工程质量监督站站长办公会议材料

签批：

审核：

关于筹备“两大行动”示范项目试点免联检工作的汇报

建筑工程二科

根据站年度重点工作部署及“两大行动”方案制定的节点计划，监督二科近期对两个示范项目试点免于验前联检工作进行了筹备，具体汇报如下：

一、计划试点项目基本情况

试点范围包括李沧区两个示范项目，为本年度重点培育的“两大行动”示范项目，同时也是 3 月份全市渗漏、开裂专项治理“两大行动”攻坚战启动暨观摩会观摩项目：

（一）山东外贸职业学院人才公寓项目

项目位于李沧区巨峰路 201 号，建设单位为山东外贸职业学院，施工单位为青岛一建集团有限公司，监理单位为青岛市工程建设监理有限责任公司，总建筑面积 84385.77m²。

（二）大枣园、南岭社区旧村改造 C-03-01、C-03-09 地块

附图 1-8　免联检公示

优秀创新措施评选启动，青岛市 34 家总承包企业申报了 310 个创新施工做法，经过专家评审组的审查、评选，最终评选出车库地面跳仓浇筑防裂做法、飘窗两侧防渗漏节点做法等 49 种优秀创新做法，并在网站上向全行业免费提供，为各方责任主体攻克渗漏开裂难题，提供了充足的“弹药”。优秀创新做法展示见附图 1-9。

附图 1-9　优秀创新做法展示

十是全力落实创新“双百”目标，即“两大行动”优秀创新施工工艺落实率达到 100%（附图 1-10），“两大行动”优秀创新管理办法落实率达到 100%。

附图 1-10　“两大行动”优秀创新施工工艺落实

附录 2

青岛市住房和城乡建设局文件

青建管字〔2020〕27 号

青岛市住房和城乡建设局
关于印发《青岛市住宅工程渗漏、开裂专项治理两大行动提升工作实施方案》的通知

各区市、青岛西海岸新区住房城乡建设主管部门，各有关单位：

为进一步强化工程各方责任主体质量意识，全面提高我市住宅工程质量水平，经研究决定，在全市范围内开展为期两年的住宅工程渗漏、开裂专项治理两大行动提升工作。现将我局制定的《青岛市住宅工程渗漏、开裂专项治理两大行动提升工作实施方案》印发给你们，请遵照实施。

特此通知。

青岛市住房和城乡建设局

2020 年 8 月 17 日

附录 3

青岛市住宅工程渗漏、开裂专项治理两大行动提升工作实施方案

我市住宅工程渗漏、开裂专项治理“两大行动”开展以来，工程各责任主体严格按照方案要求，认真履行专项治理责任，各建筑业企业积极研讨防治渗漏、开裂精细化施工创新做法，营造良好活动氛围。2019 年攻坚战的启动，进一步推动“两大行动”深入开展，助力治理目标顺利完成。为巩固我市住宅工程渗漏、开裂专项治理两大行动成果，进一步强化各方责任主体质量管理意识，提高住宅工程质量水平，提升人民群众对住宅工程质量的更高期望和要求，决定利用两年时间在全市开展住宅工程渗漏、开裂专项治理两大行动提升工作（以下简称“两大行动提升”），制订方案如下：

一、指导思想

以习近平新时代中国特色社会主义思想为指导，深入贯彻落实《中共中央 国务院关于开展质量提升行动的指导意见》、《国务院办公厅转发住房和城乡建设部〈关于完善质量保障体

系提升建筑工程品质指导意见〉的通知》(国办函〔2019〕92 号)、省委省政府《关于开展质量提升行动的实施方案》和市委市政府关于质量工作的总体部署，坚持以人为本，严格责任落实，在总结“两大行动”先进经验、巩固治理成果的基础上，由全面开展阶段，转入全面提升阶段，进一步强化激励约束，构建长效机制，全面提升我市住宅工程质量整体水平。

二、提升工作目标

通过“四个强化”，全面巩固我市住宅工程渗漏、开裂专项治理两大行动攻坚成果，采取“九项措施”，确保专项治理两大行动在两年内达到全面提升。到 2022 年，全市新建住宅工程常见质量问题明显减少，新建住宅工程渗漏、开裂防治覆盖率达 100%；全市住宅工程渗漏、开裂常见问题治愈率达 80%。住宅工程质量投诉明显减少，业主质量满意度明显提高，专项治理工作取得明显成效。

三、提升工作内容

(一)强化主体责任，全面贯彻执行质量安全手册

1. 提升责任主体质量管理意识。强化建设单位对工程建设全过程质量首要责任和竣工验收主体责任，严格落实项目法人责任制。坚持施工单位主体责任，建立健全质量保证体系，严格按照标准规范组织施工。加强参建各方项目负责人对施工现场的质量管理，将工程质量要求落实到工程建设全过程。

2. 提升质量管理标准化意识。推行工程质量安全手册制度，全面贯彻执行《青岛市建筑工程质量安全手册实施细则（试行）》（质量篇），以施工现场为中心，以质量行为和实体质量为重点，按照“施工质量样板化、技术交底可查化、操作过程规范化”，强化施工全过程质量控制，建立质量责任追溯制度和标准化评价体系，树立典型、以点带面，全面推进我市住宅工程质量管理标准化工作。

（二）强化质量过程管控，全面落实创新做法应用

3. 提高渗漏开裂预控手段。通过开展“两大行动”优秀创新做法评选，将评选出的 6 大类 36 项住宅工程防治渗漏、开裂精细化施工创新做法在市住房城乡建设局网站上进行公示，并制作图文集，免费发放给全市建筑业企业，建立多渠道资源共享。同时确保各责任主体全面掌握并结合实际将创新做法应用到实体中，确保落地落实，使住宅工程中的渗漏开裂问题提前得到预控。对创新做法应用流于形式、治理成效不明显、导致工程质量出现明显缺陷的责任主体，采取信用考核扣分、媒体曝光、通报批评、取消评优评先资格等惩戒措施。

4. 加强施工过程质量管控。全市在建住宅工程项目要全面落实防治渗漏、开裂精细化施工创新做法，所有在建住宅工程的施工方案中应明确采用的具体创新做法。施工单位与专业承包单位应积极开展技能培训，确保一线劳务人员掌握创新做法具体要求。各质量监督机构人员要在监督交底过程中将防治渗漏、开裂精细化施工创新做法进行全面交底，并通过日常巡查、抽查、专项检查等方式及时跟踪监督，确保创新做法真正运用到项目中。

5. 加大质量问题技术帮扶。组织专题小组编写《住宅工程渗漏开裂分析与维修做法实例》，将渗漏、开裂产生的原因及维修做法进行分析，提出实用性和针对性较强的维修技术建议，为住宅工程渗漏、开裂的防治与维修提供技术支持。

（三）强化质量信息公开，鼓励引导开展业主开放活动

6. 发挥公众监督作用。根据《关于印发〈青岛市住宅工程质量信息公示试点工作方案〉的通知》（青建办字〔2020〕64号）文件要求，自2020年7月1日起，我市新竣工验收住宅工程（除涉及国家安全、国家秘密，不适宜进行相关信息公开的项目）将实行住宅工程质量信息公示试点工作。通过发挥社会舆论和公众监督作用，强化各方责任，完善住宅工程质量保证体系，大力提升我市住宅工程品质。

7. 提升住宅质量透明度。鼓励引导建设单位组织开展住宅工程交付前业主开放活动，将住宅交付阶段的信息沟通不畅、业主反映问题解决不及时等重点、难点问题提前解决，营造建设单位和业主之间沟通顺畅的交付环境，进一步前置落实过程质量控制，切实提升购房业主满意度。

（四）强化工程质量评价制度，探索质量潜在缺陷保险

8. 探索推行观感质量评价。探索推行住宅工程竣工验收观感质量量化评价公示制度，完善住宅工程质量评价模式，有效引导各责任主体持续提供满足我市人民美好生活需要的住宅工程产品。

9. 探索推行质量风险管控。探索推行住宅工程质量潜在缺陷保险，健全住宅工程质量风险管控体系，有效解决住宅工程质量投诉中维修验收、损失赔偿等难点问题，切实维护住宅工程所有权人的合法权益。

四、实施步骤

（一）提升动员阶段（2020年9月）

各区市建设主管部门要根据本通知要求，结合实际情况，制定本区域内“两大行动提升”实施方案，全面动员部署专项治理提升工作，并将“两大行动提升”相关精神和文件要求传达到本辖区内的每个企业、每个住宅项目，督促各责任主体充分认识“两大行动提升”的重要性和迫切性。并于2020年10月15日前，将“两大行动提升”工作实施方案报市“两大行动提升”领导小组办公室（青岛市建筑工程质量监督站）。

（二）提升推进阶段（2020年10月—2021年12月）

各建设、施工、监理单位需坚持问题导向，按照方案部署要求，全面组织实施“两大行动提升”工作，加强监督检查，强化责任落实，查找薄弱环节，编制专项治理技术方案，细化治理提升措施，扎实有序开展各项工作，实现全市住宅工程质量和人民群众满意度的不断提高。

（三）提升巩固阶段（2022年1月—2022年8月）

全面总结前期“两大行动提升”工作，深入分析问题及原因，进一步健全工程质量管理长效机制，引导全市“两大行动提升”走向深入，带动全市建筑工程质量整体水平提升。

五、有关要求

（一）加强督查，确保实效。成立“两大行动提升”领导小组（详见附件），负责“两大行动提升”的组织领导和总体调度，督促指导工作落实。各区市建设主管部门要结合实际情况，针对易发生问题的薄弱环节，将重点检查和常规检查相结合，推动“两大行动提升”逐步转化为常态化、日常性工作，确保“两大行动提升”工作取得实效。

（二）落实责任，做好信息报送。各区市建设主管部门要安排专人做好“两大行动提升”的信息汇总和报送工作，每半年向市“两大行动提升”领导小组办公室（青岛市建筑工程质量监督站）报告“两大行动提升”开展情况，主要包括总体情况、主要措施、存在问题、下一步计划及工作建议等内容。

（三）积极引导，加大舆论宣传。各区市建设主管部门要充分利用电视、报刊、网络等形式，对“两大行动提升”工作进行多层面、多渠道、全方位的宣传报道，用客观情况，准确的信息向社会传递行业正能量，营造有利于提升行动落实的良好氛围。

附件：住宅工程渗漏、开裂专项治理两大行动提升领导小组成员名单

附件

住宅工程渗漏、开裂专项治理两大行动提升领导小组成员名单

组　长：刘玉勇：市住房城乡建设局副局长

成　员：孙　雷：市建筑工程质量监督站站长

焦　萌：城阳区城市规划建设局副局长

张　伟：西海岸新区建筑工程质量监督站站长

鲁志水：崂山区住房和城乡建设局建设工程管理中心主任

丁福林：高新区管委建设部副部长

周道永：即墨区城乡建设局副局长

王世梅：胶州市城乡建设局副局长

王　强：平度市城乡建设局副局长

赵东军：莱西市城乡建设局副局长

刘龙江：青岛经济技术开发区工程质量和安全监督站站长

杜秀东：青岛出口加工区管理局副处长

领导小组下设办公室，办公室设在市建筑工程质量监督站，承担“两大行动提升”领导小组日常工作，负责“两大行动提升”的责任分解、工作调度、情况汇总、总结汇报及督查工作等，孙雷同志兼任办公室主任。

青岛市住房和城乡建设局

2020 年 8 月 17 日印发

后　记

编辑出版《住宅建筑渗漏开裂分析与维修做法实例》（以下简称《做法实例》），既是对青岛市开展住宅建筑渗漏开裂治理“两大行动”成果展示和总结，也是指导开展“两大行动提升”和今后实施住宅建筑渗漏开裂治理工作的重要举措。《做法实例》的编辑出版作为青岛市住房和城乡建设局2020年度重点工作，受到有关领导的高度重视和大力支持。

本书系统阐述了住宅建筑渗漏开裂发生的机理，详细介绍了部分渗漏开裂问题维修做法实例，实现了理论与实践的紧密结合。为了更好地完成本书编写工作，青岛市建筑工程质量监督站成立编写委员会，统筹整个编写工作，由业务骨干组成编写组负责具体的编写任务。自接到任务后，由主编提出书名和章节安排，小组讨论形成了《住宅工程渗漏开裂分析与维修做法实例编写方案》。为确保维修做法的实用性和典型性，编写组主动前往多家企业进行交流学习，实地考察，及时掌握第一手真实资料；同时，为使实例清晰明了和具有实用参考价值，由主编提出将每篇实例细分为工程概况、问题描述、问题原因分析、维修方案的制定、维修过程、维修效果、施工防控建议等环节，后又接受编委会主要领导建议，增加维修成本一项，力求详尽，贴近维修工作实际。

2020 年 3 月 27 日与
天齐公司交流

2020 年 4 月 14 日与
中建八局四公司交流

2020 年 4 月 23 日与
中建八局发展建设公司交流

2020 年 4 月 29 日与
荣华公司交流

2020 年 5 月 17 日
青建集团调研小组讨论

2020 年 6 月 4 日
中建八局四公司召开审核会

自 2020 年 3 月 15 日至 5 月 15 日，经历两个多月时间基本完成本书初稿，并于 2020 年 6 月 4 日召开初稿审核会。之后至本书正式印刷前，由主编对本书书名和实例名称、大部分章节及实例内容进行较大调整和大幅度增减，比如为让读者更清楚、更深刻理解渗漏开裂产生机理，在渗漏开裂分析篇和开裂维修做法综述中增加大量理论分析，总结形成渗漏开裂产生的“三要素”；为使实例更具有典型性和借鉴价值，将原 37 篇实例调整为 35 篇，删除 2 篇维修做法重复案例；为使该书内容更加准确，概念更加清晰，实用性更加突出，主编逐字逐句进行了长时间、多轮次反复修改，最终使本书得以与读者见面。